星际信使

SIDEREUS NUNCIUS

or THE SIDEREAL MESSENGER

逻各斯 logos

星际信使

[意]伽利略 | 著 [美]范海登 | 编

孙正凡 | 译

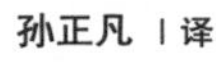

SIDEREUS NUNCIUS
or THE SIDEREAL MESSENGER

Galileo Galilei

Albert Van Helden

上海人民出版社

目录

星际信使

常识背后的智慧和勇气

为什么要读《星际信使》

伽利略的名气，比哥白尼、牛顿、爱因斯坦略逊一筹，不过但凡谈及伽利略的文章和书籍，一般都会提到《星际信使》，这本书知名度甚高。可直到读到本书英文译者的文章，我才知道即使在欧美国家，《星际信使》从拉丁文原版被翻译成现代语言的时间也很晚，第一个英文译本直到 1880 年才出现，然后在 1957 年才出现（不完整的）第二个译本。

正如英文译者范海登所言，《星际信使》这本薄薄的小册子看起来更像是一则“公告”，不是什么“科学巨著”。它宣告了望远镜天文学的诞生，可其中天文发现的内容用短短的几行字就能概括了。现代观测技术的进步，尤其是太空望远镜诞生之后，即便是太阳系的研究，内容已经连篇累牍，可以写成厚厚期刊和百科全书。那么，这本薄薄的《星际信使》还有阅读价值吗？

2009 年是联合国为纪念伽利略把望远镜指向太空四百周年而设立的“国际天文年”，那一年我搜索整理了一下科学革命时期几位重要科学家哥白尼、第谷、开普勒、伽利略的著作出版情况。我发现仅有哥白尼的《天体运行论》、伽利略的《关于托勒密和哥白尼两大世界体系的对话》《关于两门新科学的对话》（这两部经常有人弄混，前者更出名）、开普勒的《世界的和谐》《梦》（后者是最早的一篇科幻小说），除此之外，其他著作很少有中文版。为什么这些名家著作的翻译如此之少？也许是因为这些著作虽然是科学发展历史上非常重要的一环，但这些“科学原典”中的水平早已被后人超越，对当下来说显得并不太重要了，自然阅读的人就不多了。

我和朋友在网上找到了《星际信使》的三份英文译本，读过之后，我感到非常吃惊，相见恨晚。因为虽然《星际信使》只是伽利略不到半年时间里的观测报告，他的发现也早已成为今天的常识，可全书读下来，就像英文译者所说“丝毫没有失去新鲜感，我们依然能够分享它带给那些首次阅读它的人们的激动人心的感觉”。我在书中读到的，是伽利略用他自制望远镜看到这些从未有人认识到的天文新现象时，所怀有的震撼和困惑，是他对这些现象长长的思考，试图向自己解答为什么会有这些现象——换言之，这是一份科学原始创新的现场记录，得益于伽利略优秀的文笔，它到今天依然生动如初。

大概是2010年的一天，一位生物学博士朋友跟我说，有天晚上他带儿子用望远镜看了木星，除了看到木星表面的条纹，还看到旁边有几个小星星排成一排，不知道是什么。我说，恭喜你，重现了整整四百年前伽利略的伟大发现，那就是木星的四颗卫星。朋友大吃一惊，说木星卫星他知道，伽利略他也知道，但在看到它们时完全没有想到。另一位天文爱好者朋友后来又感慨，在望远镜里看到木星卫星的时候，分不出来哪一颗是木卫几（我告诉他，凭眼睛很难看出来，得查年历或用天文软件才行）。

这大概也是我们的科学教育所面临的尴尬局面，因为我们对大多数科学知识的学习停留在纸面和文字上，才会出现这种“见面不相识”的情况。“伽利略卫星”已经被发现四百年了，很多人都知道木星卫星，但是可能只有很少的天文爱好者才用望远镜看到过它们。其实对于科学而言，由名词和定律了解的科学知识仅仅是基础，非常容易遗忘；更重要的也难以遗忘的，是通过观察、思考和实验学到的科学方法和思维。对于后者，现有的课堂和考试本身是很难做到的。

因此，我们有必要阅读这本《星际信使》，因为它记录的是发生在四百年前的科学革命的现场。因为其中涉及的知识很容易理解，连小学生都能够很容易掌握，所以它非常合适用于科学普及；它记载的科学发现过程又具有典型的意义，让我们可以认识真正的科学家创造、获取新知识的工作现场，获得对科学最直观的印象和心灵启迪——像伽利略这样影响人类命运的科学家之所以伟大，并不是他们天生多么聪明，而是他们在面对难题的时候不轻言放弃。

英文译者范海登先生是一位著作颇丰的科学史学者。他所写的序言、导言和结语，相当完整地描述了望远镜的发明、伽利略的天文发现和思考，以及在当时传播过程和产生的影响。20 世纪才诞生的科学史这个学科，为我们理解伽利略和他的贡献提供了可靠的历史背景。不过范海登先生的介绍仅限于 1608—1611 年，即《星际信使》出版前后的事情。要准确理解伽利略和《星际信使》的意义，我们还需要对伽利略和他所处的时代有更多了解。

伽利略的成长背景和科学成就

伽利略是意大利著名的物理学家、天文学家、工程师、发明家，是哥白尼—牛顿科学革命时期的最大贡献者之一，开创了望远镜天文学。他和当时处于统治地位的罗马天主教廷之间的冲突，即“伽利略审判”是科学与宗教冲突的著名案例。

伽利略时代的意大利，还仅仅是个地理名词，内部由罗马教皇国、威尼斯共和国、托斯卡纳大公国、西西里王国等大大小小的城邦国家组成，外部则受到法国、神圣罗马帝国等势力的干涉。地中海的商业传统、政治上的分裂却为文化和思想的繁荣提供了空间，西西里王国就是希腊哲学经阿拉伯向欧洲传播的重要中转站。1453 年，东方的拜占庭帝国君士坦丁堡陷落于奥斯曼土耳其之手，希腊学者携带古希腊典籍文物逃亡意大利，为文艺复兴注入了新的能量。

1564 年，伽利略出生的那一年，“文艺复兴三杰”里最后一位、艺术家米开朗琪罗去世。此时距离哥白尼临终前出版《天体运行论》（1543 年）已经有了二十年，从德国神学家马丁·路德贴出《九十五条论纲》开启宗教改革（1517 年），反对教皇，成立基督新教已经近五十年了。为了反对北方新教运动，保卫教皇，西班牙贵族圣依纳爵·罗耀拉三十年前在巴黎大学成立了耶稣会（1534 年），这是一个以高级知识分子为主的天主教修会，有许多欧洲重要学者属于这个组织。

因此，从更广阔的历史背景来看，这是一个新旧交替的时代。文艺复兴运动已经接近尾声，科学革命已经悄悄地开始。从 11 世纪开始，拉丁欧洲的学者们在战争与和平交替的状态下，与阿拉伯学者们合作，逐渐把许多哲学和科学著作翻译成了拉丁文，而这些著作大多数是一千多年以前古希腊哲学家们的作品，部分是阿拉伯学者们的作品。拉丁欧洲的学者们和罗马天主教的修士们（二者有很大部分是重合的）以宽容的姿态接纳了这些哲学和科学作品，并由此形成中世纪的经院哲学，即以古希腊哲学形式重新组织的基督教神学体系。在神学的允许和保护下，拉丁欧洲学者们开始对古希腊文化长达数百年的学习和研究过程。

伽利略的成长和学术生涯，无时无刻不受到这些历史传统的影响，他的可贵之处，是没有被这些历史传统局限，在学习“继承”古代文化遗产的同时，自觉地开始“叛逆”革新。伽利略不是一位完美的现代科学家，但他对希腊哲学和科学的“继承”与“叛逆”，使他成为承上启下不可或缺的科学巨匠。

伽利略出生于意大利托斯卡纳大公国统治下的比萨城（这里有著名的比萨斜塔），他的父亲是一位小有名气的音乐家，喜欢动手，也喜欢钻研作曲理论，这些本领都遗传给了伽利略。就像当时的许多孩子一样，伽利略曾经在修道院学习知识，并一度动起弃俗加入修会的念头，但他的父亲坚持要他到比萨大学学医。

伽利略在1581年进入比萨大学之后，很快表现出了对科学的兴趣和发现科学新规律的才能。1583年，他注意到了教堂吊灯摆动时，用脉搏计时，发现摆动周期与摆动幅度无关。接下来他在家里设计了两个等长的摆，摆锤重量大小不同，摆动周期却是一样的。由此他发现了摆的等时性（只与摆的长度有关），这时他才19岁。差不多一个世纪后，哲学家惠更斯根据这个原理设计了摆钟。

1586年，伽利略根据静液压原理设计了一种称量小体积和质量物体的天平，可用于称量贵金属，写成了论文《小天平》；1588年他又证明了有关某些固体重心的一些定理，写成了论文《固体的重心》。他用这两篇文章，敲开了科学界的大门。这些研究和伽利略后来在机械发明与创造方面，显示了古希腊阿基米德机械传统的影响。但与阿基米德和古希腊哲学家对功利的鄙夷不同，作为家里的长子，伽利略很快就要负担起妹妹们的嫁妆，给弟弟们补贴的生活费用，从而注重有商业应用价值的研究，比如水泵、温度计、火炮瞄准器等，这也迎合了意大利商业航海和军事的需求。

1589年，在耶稣会数学家克里斯托弗·克拉维乌斯帮助下，伽利略获得了比萨大学的教学职位。在比萨大学期间，虽然伽利略向学生们讲授的是以亚里士多德物理学为主的理论，并在很长时间里相信这些理论，但他也开始质疑和批评亚里士多德的某些观点，首先就是关于物体下落，即自由落体的研究。

虽然伽利略出生在比萨，第一份教授职位在比萨大学，但他并没有做过著名的“比萨斜塔自由落体实验”，那可能只是他晚年一位学生兼第一位传记作者维维安不恰当的记述。伽利略是通过“思想实验”完成了这项研究。何谓“思想实验”呢？ 就是不需要进行实际的实验（实际条件可能达不到要求），凭借前提条件和逻辑推理来推测发展过程，得到某种证明。古希腊哲学家亚里士多德凭感觉和经验曾认为重的物体比轻的物体下落要更快。伽利略提出，姑且认为这种说法是对的，假如把一重一轻两个物体拴在一起，那么势必重的（快的）要被轻的（慢的）拖慢，而轻的要被重的拖快，也就是会得到某种折中的速度；可是，两个物体拴在一起，又可视为一个新的物体，总重量比原来两个都重，应该速度变得更快（比单个重物更快）。对于同一种状况，竟然可以得出两种显然是矛盾的结果，可以证明其前提是不成立的。就这样，伽利略通过亚里士多德最擅长的逻辑分析否定了亚里士多德的论断，得出自由落体下落与物体本身的重量是没有关系的，快慢程度是一样的结论（牛顿会告诉我们，其瞬时速度由重力加速度和时间决定）。这项研究于1591年写成了《论运动》一文。由于在文章中，他挑战性地批评了亚里士多德，这让他没有获得比萨大学的续约。这或许也预示了未来他与亚里士多德主义者（视亚里士多德哲学和科学观点神圣不可置疑的人）必将发生的冲突。

1592年伽利略在威尼斯的帕多瓦大学找到了新职位，教授几何、力学和天文学。对伽利略的家庭和学术研究来说，这是很重要的。因为他的父亲于1591年去世，他开始负担起家庭的重担。更幸运的是，威尼斯共和国不归罗马天主教会管辖，在这里他可以自由地进行学术研究，包括讨论革命性哥白尼日心说；如果是在教会统治下的其他城邦，就像过去和未来将要证明的那样，他会遇到很大的阻力和反对声音。

简单总结一下，在我们的中学物理教材里面，实际上有许多必考知识就是伽利略贡献的，比如单摆、自由落体、斜坡上小车或木块的匀加速运动、速度的叠加变换（伽利略变换）。希望中学生朋友们不要因此讨厌他。伽利略是现代科学的奠基人之一。

伽利略对希腊哲学的继承和叛逆

1609年，已经45岁的中年科学家、帕多瓦大学教授伽利略迎来了命运的重大转机。在此前一年，荷兰人发明了望远镜；在这一年，伽利略根据他得到的消息，又依据他掌握的光学理论（光学也是自古希腊以来一门重要的自然科学研究领域），创造了比市面上性能高好几倍的望远镜，并把它指向了天空，开创了望远镜天文学，这也是他这本小书《星际信使》的内容。

伽利略用自己设计的望远镜，发现了月面不均匀性、遥远的恒星、木星卫星、金星相位、太阳黑子，并通过仔细观察和推理，获得了支持哥白尼日心说的证据。伽利略改变了我们对宇宙的理解，我们对自身在宇宙中的位置的理解，使人类迎来了一个科学推理胜过宗教教条的时代。

在范海登先生的结语中，他强调了伽利略时代数学家和哲学家们对望远镜光学现象“真实性”的接受过程。就自然哲学讨论来说，真实性显然是基础的基础，我们可以理解哲学家们的谨慎怀疑态度。不过对于伽利略来说，他面临的阻力和反对主要来自保守的亚里士多德主义者，尤其是在天文学领域里的古希腊观念。

与今天的天文学不同，古希腊学者们把当时的天文学相关研究分为哲学（物理）和数学两大分支。在哲学或物理上，古希腊的主流观点是亚里士多德地心说，即地球是宇宙的中心，而且是静止不动的，这个说法跟我们的感觉和经验是非常一致的；日月星辰在以地球为中心的多层同心球层上做完美的圆周运动；地上世界由土、水、气、火四种元素组成，天上（月亮以上）是由完美的以太构成。在中世纪，随着经院哲学的建立，基督教神学获得了空前强大的逻辑辩护，而希腊哲学在神学的卵翼下得以生存。

数学分支则是指历法、占星术以及托勒密“均轮—本轮”等宇宙模型（通常也称为托勒密地心说）。亚里士多德的老师、哲学家柏拉图曾经提出一个命题，他认为日月五星是在完美的圆周上匀速绕着地球运行。但是从现象上来看，比如火星、木星的亮度有显著的变化，轨道显然并不是完美圆周，柏拉图退而求其次认为它们可能是在多个圆周运动组合而成的轨道上运动，具体是怎么样组合的，柏拉图并不知道，把这个问题交给了后人。所以在古希腊天文传统里，天文学家、数学家们可以任意设计轨道的结构来预测日月五星的位置和亮度。有意思的是，他们认为这只是一种数学假设，并不代表着哲学或者物理学上的真实。

在中世纪（约公元 476—1453 年）的初期，拉丁欧洲的学者们，并没有真正见过柏拉图的大多数著作（得以流传的只有《蒂迈欧篇》等少数作品），以及亚里士多德和托勒密的全部著作。希腊哲学和科学对于他们来说是一个遥远的影子，只存在于许多罗马作家的笔记当中。随着古希腊著作被翻译为拉丁文，学者们（包括教会的修士们）为古希腊文化的成就和高度而震惊，因此亚里士多德和地心说在中世纪经院哲学体系里被神圣化，许多观点都被视为不可动摇的真理。对于初学者来说，这是一种很常见的心态；对于本来就不允许质疑的宗教信仰更是应有之义。

不过在古希腊哲学中，也埋藏着与宗教文化不和谐的、鼓励怀疑的种子。比如在柏拉图《蒂迈欧篇》里就明确写道："我们的那些解释也只能是大约近似的……如果有人找到了更好的方法，我们应视其为朋友而不是对手……如果谁在检查这些问题时发现我们弄错了，那才会得到崇高的敬意。"亚里士多德本人更留下了名言："我爱我师，我更爱真理。"所以哥白尼、伽利略等人在科学和哲学上的贡献可以视为古希腊文明在拉丁欧洲的重新生长。

哥白尼和伽利略都继承了希腊哲学的遗产，也都自觉地试图突破希腊哲学传统，改正其中的错误。哥白尼《天体运行论》正是运用逻辑推理，指出亚里士多德地心说的错误，从而把宇宙中心换成了太阳，得到了更见简洁、统一的行星运动模型。在自由落体问题上，伽利略指出亚里士多德观点的荒谬之处，所用的逻辑推理工具，就来自亚里士多德本人。当伽利略逐渐发现了亚里士多德哲学、物理和天文学里的漏洞，转而热情支持哥白尼日心说的时候，他遇到的对手是那些视亚里士多德教条不可置疑不可更改的亚里士多德主义者，而不是希腊哲学。

伽利略在《星际信使》中的种种天文发现，都与亚里士多德—托勒密地心说不能相容，却支持了哥白尼日心说，他本人也明确地表示了这种支持。哥白尼指出，他的日心说不是数学假设，而是哲学意义上的事实，这就突破了希腊哲学对数学方法的限制。伽利略更是发展了数学物理方法，把数学技巧和物理学（自然哲学）讨论结合起来，从而开辟了物理学研究的新模式（我们在中学课堂上已经使用过很多次）。在关于地球在宇宙中位置的问题上，希腊哲学和基督教采取了一种非常令人尴尬的解释。古希腊哲学认为地球是宇宙的中心，但同时又认为地上的各种运动现象是混乱、堕落的，天体的组成和运动才是完美而神圣的——为什么我们的宇宙会围绕着堕落的世界中心运行呢？ 基督教神学对希腊哲学的观点深表赞同，认为上帝为人类安排了大地作为住所，又创造了整个宇宙，方便人类的生活，但神学同样认为上帝和天使居住在神圣的天上，反倒是地狱离人类更近。

伽利略在论述了月球与地球的相似性，又解释月面的灰光（新月抱旧月）现象之后，对于地球在宇宙中的位置提出了不同的看法，支持了哥白尼日心说。他指出，我们看到的月光是反射的太阳光，月面上的辉光是地球把太阳光反射到月球上面而形成的；我们在地球上看到的月相和在月球上看到的“地相”是正好互补的。因此，地球不是无光的昏暗世界，相反，这“证明地球会强烈反射太阳光。因为我们将证明它是运动的，并且在亮度上超过了月亮，因此它不是宇宙中污秽的垃圾堆和渣滓”。地球和月球（此前认为是以太）是同样物质构成的，地球跟其他行星一样在绕太阳运动，反射太阳光。这样的哲学见解，提升了地球在宇宙中的位置。

伽利略用种种天文新发现支持并且发展了日心说，同样也是对日心说的继承与叛逆。比如在哥白尼日心说里，哥白尼仍认为天体的形状和运动是完美而神圣的圆周；伽利略接受了圆周（没有接受开普勒发现的椭圆运动），但它对月球和太阳的观测表面，天体并不是完美的，月面有凹凸不平，太阳表面有黑子；既然地球也是行星，那么行星也不是完美的。这些见解都向亚里士多德哲学提出了挑战。

这些学术上的继承与叛逆，是希腊哲学的应有之义。苏格拉底、柏拉图、亚里士多德这三代哲学家师徒之间观点并不一致。希腊哲学本身的发展，就是建立在一代又一代学者继承但不完全同意前人见解的基础上的。与宗教或其他古代文化不同，希腊哲学里没有完美的“圣人”和不可质疑的教条。当伽利略鲁莽地把哲学上的革新带入宗教领域的时候，麻烦就来了。

伽利略审判的再审视

对于 16 世纪的知识界和教会来说，都是欢迎哥白尼日心说的，因为当时面临历法改革的问题。历法要求精确地预言未来的天文现象，作为负有治理社会责任的罗马天主教会，对天文学家们的努力给予了大力支持，当然大多数天文学家们，就像哥白尼一样，本来就是教士。虽然伽利略在《星际信使》中明确表示了对哥白尼日心说的支持，不过知识界的讨论焦点还是那些新天文现象。甚至一直到 1632 年伽利略发表《关于托勒密和哥白尼两大世界体系的对话》之前，欧洲的知识界依然只是把日心说当作一种数学工具，而不是哥白尼所坚持的物理或者哲学上的真实存在。

生活在 16、17 世纪意大利的伽利略，也同样是一名虔诚的天主教徒。为了给自己辩护，伽利略经常使用圣经捍卫哥白尼日心说，反过来他也真诚地希望罗马天主教会把对圣经的解释建立在“更正确”的日心说基础上。1616 年，他写给托斯卡纳大公夫人克里斯蒂娜（科西莫二世的母亲）的一封信，在信中他主张日心说是一种宇宙真实，因此应该对圣经进行非文字的解释：“我认为太阳位于天球旋转的中心，不会改变位置，地球自转并围绕它运动。此外……我不仅驳斥了托勒密和亚里士多德的论点，而且反过来提出许多论据……以及其他天文学发现，来证实这一观点（日心说）。”伽利略认为圣经是用普通人的语言，而不是天文学家的语言写成的，因此圣经能教导我们如何去天堂，而不是天堂是什么样的。

在罗马教会方面，世纪之交的教廷并不一味反对日心说，在教会人士看来，日心说即使不是错误的，地球运动这一关键的观点也至少没有得到明确的证据支持。曾经在1600年烧死布鲁诺的枢机主教罗伯特·贝拉明曾在1615年写道，如果没有“太阳不是绕地球旋转，而是地球绕着太阳旋转的真实证明”，哥白尼日心说就无法得到捍卫。伽利略试图通过完善他的潮汐理论，来提供地球运动所需的物理证据。

在《关于托勒密和哥白尼两大世界体系的对话》一书中，伽利略详细地比较了地心说和日心说的区别，对力学、物理和天文学做出了巨大的贡献。可惜，在关键的潮汐理论，连他曾经的朋友、1623年当选为教皇的乌尔班八世（马费奥·巴贝里尼）都看出了错误。伽利略认为，潮汐是由于海水的来回晃动而引起的，海水运动则是由于地球自转和绕太阳公转导致地球表面上某点在不停地加速和减速。可惜，这个理论是失败的。因为威尼斯每天有两次涨潮和落潮，要是按伽利略所想，那就只有一次。而且伽利略拒绝了开普勒提出的月球运动引起潮汐的想法。

一直反对伽利略的亚里士多德主义者，趁机向教皇进言，证明伽利略的书支持日心说，违反了他和教皇曾经的约定，而且在角色设计上言辞中冒犯了教皇，使教皇成为笑柄。更重要的是，此时罗马教廷内外交困，外部忙于对抗法国和基督新教的压力，内部要平息觊觎教皇权力的纷争。世纪之交以及乌尔班八世教廷曾经的开明景象已经不再了，教会开始采取更严格的态度，对付任何可能挑战教皇绝对权威的做法。伽利略的书试图挑战的，不仅仅是教皇个人，而且是整个基督教神学的基础，更加难以原谅。

1633 年 2 月伽利略拖着抱恙之身来到罗马的宗教裁判所。在严刑的威胁下，伽利略不得不作出妥协。6 月 22 日宗教裁判所宣判，勒令他放弃哥白尼主义，将他软禁，以及把《关于托勒密和哥白尼两大世界体系的对话》列为禁书（《天体运行论》已经在 1616 年被禁）。被审判的伽利略在教会同情者和托斯卡纳大公国外交使节的帮助下，居家软禁，直到 1642 年去世。1643 年 1 月 5 日，牛顿在英格兰出生。

在伽利略的时代，自然哲学还仅仅是对世间现象的解释。不过随即而来的工业革命，日渐显示了自然哲学拥有移山倒海的伟大潜力，科学和科学家的地位越来越重要，无法忽视。1718 年，宗教裁判所解除了对伽利略著作的禁令（又过了四十年《天体运行论》才被解禁）。1737 年，伽利略的遗骨被重新安葬于佛罗伦萨圣十字教堂，与米开朗琪罗面对面。他遗骨的右手中指被取下作为圣物，如今在佛罗伦萨的伽利略博物馆展出。

今天我们应该怎样读《星际信使》

我们手里的《星际信使》这本书，正文加上英文译者的注解，描述了伽利略在 1609 年到 1611 年之间的科学活动。不过这毕竟是四百年前的历史了，对于中文读者来说天文学可能又比较陌生，我觉得还有几点需要加以强调，才能更好地理解这本书的历史价值和对当代的意义。

首先，我们要为伽利略澄清。在许多科普文章里，会不假思索地写成“伽利略发明了望远镜”，还有人说伽利略为了个人名利，声称自己“发明了”望远镜。实际上这两种说法可能都来自《星际信使》扉页上对一个拉丁词语的误读。英文译者指出，伽利略用了 reperti 一词，它确实既可以指“发明”，也可以指“设计”；但在正文开始叙述时，伽利略明确指出，他是听到了来自荷兰的传言，又经过友人信件的确证，才知道了望远镜的大致情形。伽利略在这件事情上没有贪他人之功，反而用自己的光学知识和一双巧手大幅度改进了望远镜，放大倍数从三四倍一举提高到了二三十倍，为人类开创了天文学的新纪元。因为在当时一般的眼镜工匠根本无法提供高倍望远镜所需要镜片，更不具备光学理论知识知晓对镜片参数的需求。伽利略是一位非常杰出的科学实验仪器制造者。这种“理实交融”的本领，在早期科学事业还不成规模的时代，是伟大科学家必备的实力。

另外，还有人认为，伽利略的多数科学发现“并非原创”，理由是在文艺复兴前后，有若干同时代的学者作出了同样的发现。比如就拿“首次观测天空”来说，有记录表明英国学者哈利奥特观测和记录月球表面就比伽利略更早。观测木星卫星、太阳黑子都有人更早。甚至物理学方面的一些成就，伽利略也未必是“第一”。这种说法实际上误解了科学发展的方式。任何人都只能在前人成就和前代社会奠定的基础上开展工作，不可能“跨时代飞跃”。科学史学科的迅速发展，让我们看到许多大大小小的科学成就，甚至一些细节改进，在现存历史资料中都是有迹可循的。范海登先生就仔细讨论了望远镜发明的历史背景和时机。而“同时独立发现”的现象在历史上和当代都层出不穷，最著名的可能要数牛顿和莱布尼茨的微积分发明权之争。拿伽利略改进望远镜这件事儿来说，他也是在听到荷兰人的发明之后才想到可以改进。像伽利略这样关注天文研究、拥有光学知识和动手技能的欧洲学者有一批人，正如哥白尼日心说发表之后，有一批学者受到影响，开始酝酿天文学变革。所以在当时几个国家不约而同出现了“同时独立发现”，这正是在经历中世纪和文艺复兴之后，欧洲哲学和科学重新发展的必然现象。因此，斤斤计较于究竟谁才是时间上的“第一”，是忽视了科学发展的社会基础。伽利略的伟大，在于他对科学问题的广泛关注、深入思考，以及勤奋地著述。得到及时传播的不完美结果，也要好于深藏书斋却晚数十年甚至上百年才面世的完美结果。

实际上，伽利略的伟大，也恰恰在于他的不完美。因为他是一位从希腊哲学旧传统成长起来的学者，在文艺复兴多种思潮影响下，他能够及时认识旧传统的缺陷，奋力开拓科学研究的新方向，探索新规律，才成就一代科学伟人。就像从哥白尼到牛顿多位科学家一样，伽利略这位时代伟人自身也带有很多的旧传统的影响，浅白一点说，就是在《星际信使》中还有一些错误解释，这也是科学思想发展过程必然会有的痕迹，让人们有机会了解科学新发现是如何一步步脱茧而出的。

比如伽利略发现了月球上高低不平的山谷和山峰，他同时细心地注意到月球边缘看起来却相当光滑，没有参差不齐的现象。他提出了两个猜想，一是有不同的山谷和山峰在这个方向上平均抵消了（这个现象是存在的），另外一个假设是他认为在这里存在“比其他以太更加致密的物质”。你看，他在指出月球和地球相似性的同时，又继续沿用了快被否定的以太这个概念。实际上后一个假设并不需要，因为在日全食的时候，有一个现象能够告诉我们在月球边缘同样存在山谷和山峰，那就是璀璨夺目的贝利珠，也就是当日全食开始或者结束的时候，阳光从这个月球边缘的山谷山峰的缝隙里照射出来的现象。后来在解释木星卫星大小变化的时候，他再一次引入了“稠密的气体层”。伽利略毕竟是接受亚里士多德哲学教育成长起来的，“以太”这个概念根深蒂固地扎根在了他的头脑中，不太可能一下都否定掉。

又比如在月球地貌上，我们把月球表面比较黑的区域，称为“月海”(mare)，这个“错误”名称也是源自伽利略在《星际信使》里的猜想。因为他当时并不能确切知道月球表面的组成，只能通过与地球表面的类比来猜测，不幸的是，他猜错了。然而在科学发展中，有错误并不可怕，只要我们鼓励质疑和自由探索，总有一天会发现和改正错误的。实际上，科学发展是个渐进的过程，我们每一代人都有责任和义务重新检验历史上累积的每一个观点和思考，不能简单地默认前人就是正确无误的。

还有，我们要注意的是《星际信使》里的科学名词的用法，尤其是星星、恒星、行星、卫星等词语的区别和混用之处。这些名词，以及其他之间的区别，实际也是在历史上不同时期逐渐形成的。对于日常语言来说，星球、星星的含义包括了目视所见的一切星点。对古希腊人来说恒星和行星之间的区别，是恒星位置保持相对不动，会眨眼睛，行星在恒星背景上“游荡”，比较亮的行星不眨眼睛。伽利略在《星际信使》中提供了其他的区别，行星用望远镜能够观测出来有视面，也就是看上去有大小，恒星用望远镜是看不出来大小的。这个事实又支持了哥白尼关于恒星距离非常遥远的猜想。(直到现在，也只有哈勃望远镜这样的超级望远镜才能够看到离我们比较近的红超巨星参宿四等恒星的大小。)

哥白尼日心说把地球也提升到行星之列。伽利略关于木星卫星的发现，指出四颗卫星就像月亮绕地球一样绕木星运行，因而又产生了“卫星”这个天体类别（最初就是用月亮这个词的小写 moon 来表示）。

《星际信使》中关于科学名词的创造和使用，也告诉我们，科学名词并不是凭空产生的，而是科学家从日常语言里被迫创造新的概念，这是科学理论逐渐生长演化的标志。

《星际信使》这本书虽然篇幅不大，但意义深远。无论是对于了解科学历史的发展，还是对于今天我们的科学教育特别是天文学教育，都非常有研究的意义。天文学在古希腊和现代欧美学术体系里都是显学，历史上多次科学革命都是以天文学的革新为发源或基础的。相比来说，在我们这里，天文学至今都没有作为独立课程能够进入中小学，不能不说是一种遗憾和缺失。

通过阅读和翻译《星际信使》，我深深感到，我们当代迫切需要像伽利略这样既能够继承古代文化遗产，又能够不落古人思想窠臼，跳出旧传统，推动真正的原始创新的人物。不仅仅是科学家，所有人都应该具有这样兼具“继承和叛逆”的科学家精神。亲爱的读者，你会不会成长为像伽利略这样的人呢?

最后，要感谢上海人民出版社引进此书，让我得以完成一桩心愿。感谢张晓玲、刘华鱼两位编辑的耐心等待和细致修改。当然，翻译中若存在错误，欢迎批评指正。

孙正凡

于上海嘉定南翔镇

英文第二版序言

自从我的英文译本于1989年问世以来，关于科学史上这一重要时刻的学术研究取得了长足的发展。首先，马里奥·比亚乔利（Mario Biagioli）的《宫廷侍臣伽利略》（Galileo，Courtier），阐明了伽利略智识抱负的社会背景。在专制主义者美第奇家族的宫廷背景下，自然哲学或我们现在所称的科学有多成功？伽利略采用了哪些策略既改善自己的社会地位，又让自己的观点获得认可？例如，比亚乔利的研究告诉我们，如何解读《星际信使》给托斯卡纳大公科西莫二世华丽的献辞，但它也解释了更多实际的难题，例如作者为何没有把书直接送给在布拉格的神圣罗马帝国的皇家数学家约翰尼斯·开普勒。《星际信使》此时必然已被视为具有了托斯卡纳国绝对统治者的权威。①

望远镜的起源也已经被弄清楚了，决定因素是镜片的质量，而不是像我早先假设的那样，仅仅是镜片的强度。正如罗尔夫·维拉赫（Rolf Willach）出色地展示的那样，当一位眼镜制造商（可能是米德尔堡的汉斯·李普希）减小了镜片组合中的口径尺寸时，这一突破就实现了。这种至关重要且违反直觉的调整，将入射光限制在了物镜的中心部分，此处曲率品质最高。②同时，文森特·伊拉迪

---

① 马里奥·比亚乔利，《宫廷侍臣伽利略：专制文化中的科学实践》（*Galileo, Courtier: The Practice of Science in the Culture of Absolutism*），（芝加哥：芝加哥大学出版社，1993年）。另参见同一作者，《伽利略的信用工具》（*Galileo's Instruments of Credit*），（芝加哥：芝加哥大学出版社，2006年），第33—39页。

② 罗尔夫·维拉赫，《望远镜发明的漫长道路》（*The Long Route to the Invention of the Telescope*），《美国哲学学会学报》2008年第98期，第5部分。另请参见阿尔伯特·范海登、斯文·杜普雷、罗布·范·根特和惠布·祖德瓦特合编，《望远镜的起源》（*The Origins of the Telescope*），（阿姆斯特丹：阿姆斯特丹大学出版社，2011年）。

(Vincent Ilardi) 在《文艺复兴视野下的从眼镜到望远镜》中记录了眼镜及其制造的流行，以及这些商品的国际贸易。①

伽利略是1609年夏天在帕多瓦制造了第一台望远镜，我们现在对当时发生的事情了解的要多多了。乔吉奥·斯特拉诺 (Giorgio Strano) 最近解释了伽利略如何自学研磨和抛光镜片，把一种放大率只有三倍的简单望远镜加以改进，使其成为一种研究仪器。这里关键之处是伽利略在1609年末备下的一张购物清单，其中列出了玻璃、研磨工具和复合研磨材料，以及小扁豆、鹰嘴豆和大米等家居必需品，以及他的小儿子文森佐 (Vincenzo) 的冬衣。②对于伽利略来说，这段时间非常忙碌：他不得不在大学讲课，私下给贵族子弟教导诸如防御工事等课程，教他的学生们使用他设计的一种比例指南针，为其中一些学生提供寄宿房，他还花了无数时间打磨和抛光镜片，而且常常徒劳无功。在时间和天气允许的情况下，他还致力于通过不断改进的望远镜观察天空。

在11月和12月开始他的第一个望远镜研究项目，以放大率为20倍的望远镜观测月球表面时，他的仪器制作和观察活动变得越来越隐秘。其他人想要他制作的镜片；他自己的母亲从佛罗伦萨偷偷地写信给伽利略的一位仆人，要他送给她儿子制作的一些镜片。在这场竞争中，伽利略成功地至少在一年里保持了领先地位。我和艾琳·里夫斯 (Eileen Reeves) 已经证明了对他人来说这多么艰

① 文森特·伊拉迪，《从眼镜到望远镜的文艺复兴背景》(*Renaissance Vision from Spectacles to Telescopes*)，(费城美国哲学学会，2007年)。

② 乔吉奥·斯特拉诺，《伽利略的购物清单：关于望远镜的鲜为人知的文件》(*La Lista della Spesa di Galileo: un Documento poco noto sul Telescopio*)，《伽利略研究杂志》(Galilaeana) 2009年第4期，第197—211页。

难——在这种情况下，耶稣会罗马学院的数学家们仍得到了伽利略的支持，使他们得到了与他使用的一样好的望远镜，并验证他的发现，即使他们不同意他所有的解释。①

关于伽利略光学知识在理论上和实践上一直悬而未决的问题，已经由斯文·杜普雷（Sven Dupre）作出了解释，当时用仪器看远处的物体在意大利引起了人们广泛的兴趣，伽利略与他在博洛尼亚的同事乔瓦尼·安东尼奥·马吉尼（Giovanni Antonio Magini）和他在威尼斯的朋友弗拉·保罗·萨尔皮（Fra Paolo Sarpi）一起以此为目标对各类镜片进行了专门的研究。符合期望的结果不是以带大镜子的仪器形式出现的，而是带有两片普通眼镜片的小镜筒。②杜普雷的分析关注范围更广，是在望远镜改变伽利略的生活之前，他在帕多瓦的研究工作。伽利略是一位工程师，一位哲学家，一位艺术家还是教授，还是以某种方式结合了所有这些角色？在最近的传记研究中，伽利略作为帕多瓦和威尼斯知识界的重要一员出现，他不仅对哲学和实用机械感兴趣，而且对语言和视觉艺术感兴趣，他是一位坚定的哥白尼主义者，又不愿与公开拥护哥白尼理论的约翰内

---

① 艾琳·里夫斯和阿尔伯特·范海登，《伽利略在罗马学院验证望远镜天文发现》（*Verifying Galileo's Discoveries Telescope-Making at the Collegio Romano*），见尤尔根·哈默尔和英格·基尔合编，《大师和望远镜》（*Der Meister und die Fernrohre*），（美因河畔法兰克福，德国，2007年），第127—141页。

② 斯文·杜普雷，《奥索尼奥的镜片和伽利略的镜头：望远镜和16世纪的实用光学知识》（*Ausonio's Mirrors and Galileo's Lenses：The Telescope and Sixteenth-Century Practical Optical Knowledge*），《伽利略研究杂志》2005年第2期，第145—180页。有关强大的望远镜设备的文艺复兴神话与实用光学器件之间的关系，参见艾琳·里夫斯，《伽利略的玻璃制品：望远镜和镜子》（*Galileo's Glasswork：The Telescope and the Mirror*），（坎布里奇：哈佛大学出版社，2008年）。也参见马里奥·比亚焦利，《伽利略抄袭了望远镜吗？ 新发现的保罗·萨尔皮德一封信》（*Did Galileo Copy the Telescope? A New Letter by Paolo Sarpi*），《望远镜的起源》（*The Origins of the Telescope*）（注释1），第203—230页。

斯·开普勒有什么关系。①

欧文·金格里奇（Owen Gingerich）和我本人进一步阐明了围绕伽利略意外发现木星卫星的一系列事件。②在以地球为中心的宇宙学中，月球是七颗行星之一，与地球根本不一样。可能有次级天体环绕这些初级天体的想法从来都不在考虑范围内。这样的天体会违反宇宙仅有唯一旋转中心的基本原理；在传统宇宙学中处于那个位置的是地球，在哥白尼的构造中则是太阳。尽管伽利略是一位坚定的哥白尼主义者，但他还没有完全摆脱传统以地球为中心宇宙学的那些概念和分类。他最初发现了三颗，不久后是四颗新的“游星”与木星处于一条直线上；它们的运动表现为“游荡的”或不固定的，因为它们相对于恒星的背景在移动。正如伽利略很快发现的那样，它们的排列会变化。它们彼此相对移动，并与木星在绕太阳运行的轨道上保持同步，有时跑到木星前面，有时则落到木星后面。它们跟木星是否存在某种关联？

图1显示了伽利略第一周的观测笔记。这些可以在译文中找到。请注意，在右下角伽利略尝试弄清楚这些观察结果意味着什么。突破发生在1月13日，这是他第一次看到所有四颗天体。在编制好的日志中，当天的条目是这样写的：“将仪器非常牢固地固定（在支架上）之后，在木星附近看到了四颗恒星，排列成了

① 约翰·赫布隆（John Heilbron），《伽利略》（*Galileo*），（牛津：牛津大学出版社，2010年），第64—142页。大卫·伍顿（David Wootton），《伽利略：天空的守望者》（*Galileo：Watcher of the Skies*），（纽黑文：耶鲁大学出版社，2010年），第51—105页。米歇尔·卡梅罗塔（Michele Camerota），《反宗教改革时代的伽利略·伽利雷和科学文化》（*Galileo galilei e la cultura Scientifica nell Eta della controriforma*），（罗马：萨莱诺，2004年），第150—199页。

② 《伽利略如何探索木星卫星》（How Galileo Constructed the Moons of Jupiter），《天文学史杂志》2011年第42期，第259—264页。

✲⊛·˙*·或✲ ⊛✲·✲这样的形状。”在确定它们到木星的距离后，他继续写道：“它们并没有像此前那样精确地位于一条直线上，而是木星以西三颗星里中间那颗的位置略高一些。或者说，最西边那颗略低一些。”①这些天体通常是怎样在直线上相对于木星来回移动，而其中某个不偏离该直线呢？它们相对于木星的运动必须是各自独立的，并且绘图显示出整个结构的倾斜（图 2）。我和金格里奇得出结论，伽利略突然之间清晰地认识到将在一个平面上的四条独立轨道稍微偏离视线方向。此时他意识到自己正在观察的四颗“恒星”或行星在绕着木星转，同时木星绕着太阳转，就像我们的月亮绕着地球，地球也绕着太阳运行一样。这些都是月球（卫星）。此刻，专有名称 Moon（月球）成为描述一类天体的名词卫星（moon）。

这些原始的观察结果以及弄清楚这些新“行星”模式的尝试，为我们理解伽利略视觉思维的风格提供了一些指示。伽利略在绘画方面是训练有素的。这是他早年在佛罗伦萨习得的技能。绘画是一位佛罗伦萨绅士所受教育中的重要部分，在素描练习时必须掌握理性的观察能力以及在画纸上合理安排对象的技能，这被称为迪塞诺（disegno），伽利略在他漫长的天文职业生涯中保留并应用了这些透视法则。伽利略于 1613 年回到佛罗伦萨后，成为艺术设计学院（直译为迪塞诺学院）的一员。在对各类月相描绘中，以及几年后对黑子的研究中，可以看到他这些技能最好的展示。霍斯特·布雷德坎普（Horst Bredekamp）对于作为画家和视觉思想家的伽利略，

---

① 在《星际信使》的文字中，伽利略实际上认为中间那颗星的位置略高一点儿。现代计算和模型证明了这一点。注意此处引文来自伽利略的笔记本，他从中复制了 1 月 7 日至 13 日第一批的观测结果。见《伽利略文集》第 3 卷第 2 章，第 427 页。

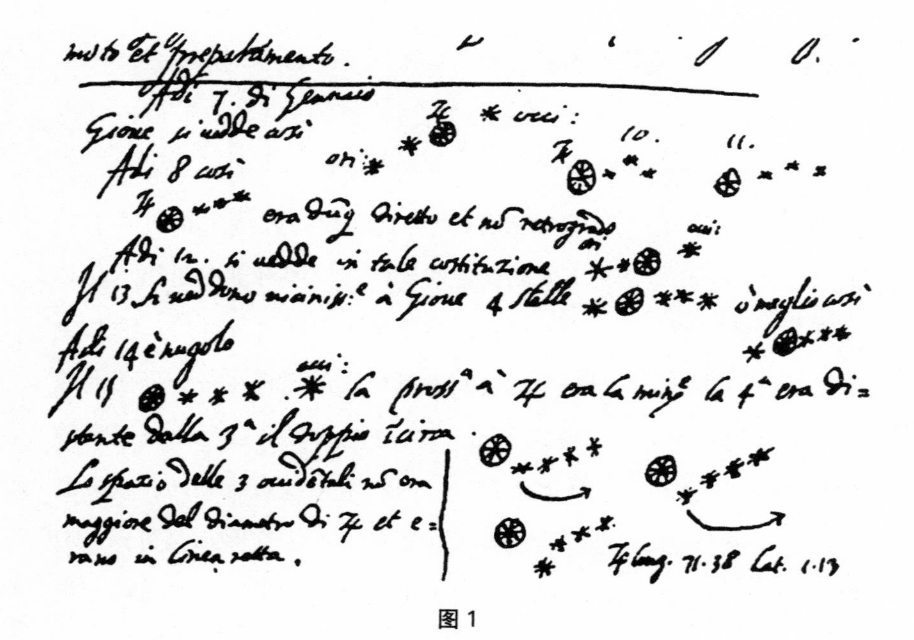
Adi 7. di Gennaio
Giove si vedde cosi
Adi 8 cosi
era dunq diretto et no retrogrado
Adi 12. si vedde in tale costitutione
Il 13 si veddno vicinissime à Giove 4 stelle
o meglio cosi
Adi 14 è nugolo
Il 15
la prossima à Giove era la minore la 4a era distante dalla 3a il doppio in circa.
Lo spatio delle 3 occidentali no era maggiore del diametro di Giove et erano in linea retta.
Giove long. 71.38 Lat. 1.13

图 1

1609 年 8 月伽利略写给威尼斯总督莱昂纳多·多纳托（Leonardo Donato）的一封信的草稿，以及伽利略对木星卫星观测的第一批记录，由密歇根大学提供。

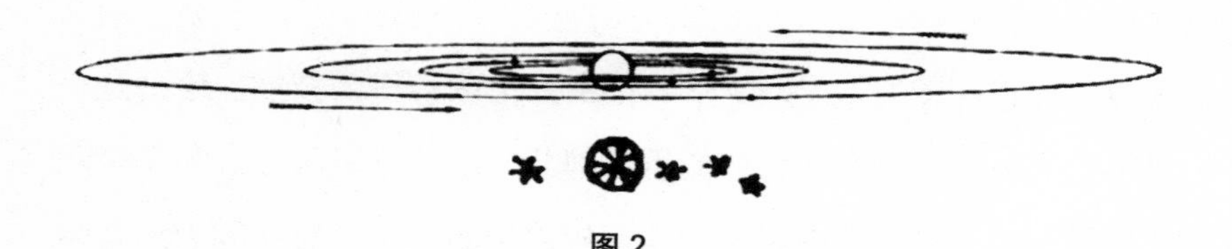

图 2

1610 年 1 月 13 日，木星各卫星的轨道和当天伽利略的观测记录。为了清楚起见，他增大了轨道平面相对于黄道面的倾斜度。由欧文·金格里奇提供。

他的文字和图像之间的密切联系，他将迪塞诺作为工具发现自然现实，发表了一份详尽的分析报告。①艾琳·里夫斯提出了伽利略与当时画家如齐戈里（Lodovico Cardi da Cigoli）等人交往的更广泛背

① 霍斯特·布雷德坎普（Horst Bredekamp），《伽利略的沉思：1600 年左右的形式与研究》（*Galileis Denkende hand：Form und Forshung um 1600*），（柏林：格吕特，2015 年）。

景，他展示了他们之间的互动如何塑造了伽利略的天文学。①

《星际信使》本身当然在四百年来没有发生变化，但是我们从最近有关该书文本的研究中了解到了很多信息。最初的部分，除了献辞和与月球有关的望远镜简要说明之外，是最先写成的，至少一部分是在伽利略发现木星卫星时写成的。②专门介绍这些卫星的第三部分付印时，伽利略又添加上了最后一批观测数据。③至于书名，关于应将 nuncius 翻译成“信息”还是“信使”的问题（请参阅第一版的序言），尼克·怀尔德（Nick Wilding）最近提出了一个令人惊讶的答案：伽利略故意选择了一个模棱两可的术语。④

在过去的四个世纪中《星际信使》已被多次重印，但据我所知，直到最近才出现赝品。2005 年，一本非常罕见的第一版图书出现在珍稀书籍市场上。众所周知的三十本初版书都缺少月面图，这项缺失历来归因于书商和作者的匆忙，但这本书在为这些月相图保留的空白处把图填补了上去。有人为该书提供了合理的可能出处，还提出了伽利略亲手绘图的神秘可能性。如果确实如此，那么该书将价值数百万美元。科学史和艺术史学者们都对该书发表了观

① 艾琳·里夫斯，《描绘天空：伽利略时代的艺术和科学》（Painting the Heavens：Art and Science in the Age of Galileo），（普林斯顿：普林斯顿大学出版社，1997 年）。

② 金格里奇和范·海尔，《从镜片到成书：伽利略〈星际信使〉的形成》（From Occhiale to Printed Page：The Making of Galileos Sidereus Nuncius），《天文学史杂志》2003 年第 34 期，第 252—257 页；欧文·金格里奇，《编号 2 失踪之谜》，《伽利略研究杂志》2012 年第 9 期，第 91—101 页；大卫·伍顿，《关于伽利略〈星际信使〉文本和出版的新发现》（New Light on the Composition and Publication of the Sidereus Nuncius），《伽利略研究杂志》2009 年第 6 期，第 123—140 页；保罗·尼德汉姆（Paul Needham），《伽利略著书：1610 年威尼斯第一版〈星际信使〉》，《伽利略的 O》第 2 卷，霍斯特·布雷德坎普编，（柏林：科学院出版社，2011 年）。

③ 保罗·尼德汉姆，《伽利略著书》，引用多处。

④ 尼克·怀尔德，《伽利略的偶像：吉安弗朗西斯科·萨格莱多与知识政治》（Galileo's Idol：Gianfrancesco Sagredo and the Politics of Knowledge），（芝加哥：芝加哥大学出版社，2014 年），第 89—92 页。

点，随后的争论持续了将近十年，真伪两派里都有历史学家参与其中。尼克・怀尔德坚持不懈地侦查，逐渐提供了证据，证明该书是一本出色的赝品，并在 2013 年达成了共识。

恰在此时，伪造者已在意大利被捕，并因相关犯罪被判刑，包括从那不勒斯的吉罗拉米尼图书馆（Girolamini Library）大量盗窃高价值的珍稀书籍，他曾担任该部门的负责人。①这一事件的一个非常积极的结果是，保罗・尼德汉姆（Paul Needham）对《星际信使》的印制和装帧作了详尽的评述，我希望这项研究能很快作为一本书单独出版。②

在第一版中，我指出《星际信使》的插图取自卫斯理学院图书馆藏的版本，但其中并不包括伽利略的木卫观测图，它们是来自为纪念伽利略诞辰 400 周年在比萨出版的仿真版。保罗・尼德汉姆找到了该版本的原件：它现存于米兰的布雷拉天文台。③

我们的意大利同行出版了一些有关《星际信使》主题的重要著作。马西莫・波茨蒂尼（Massimo Bucciantini）的《伽利略和开普

---

① 霍斯特・布雷德坎普，《艺术家伽利略：月亮、太阳和手》（*Galileo der Künstler*：*Der Mond*，*Die Sonne*，*Die Hand*），（柏林：科学院出版社，2007 年），第 149—176 页；布雷德坎普编，《伽利略的 O：对纽约藏拷贝和其他范式拷贝的比较》［*Galileo's O*：*A Comparison of the Proof Copy*（*New York*） *with Other Paradigmatic Copies*］，第一卷，（柏林：科学院出版社，2011 年）；保罗・尼德汉姆，《伽利略著书》，第 173—187 页；欧文・金格里奇（Owen Gingerich），《〈星际信使〉M-L 拷贝里的怪事》（*The Curious Case of the M-L Sidereus Nuncius*），《伽利略研究杂志》2009 年第 6 期，第 141—165 页；尼克・怀尔德，《伽利略的偶像：吉安弗朗西斯科・萨格莱多与知识政治》，第 6 章；另参见尼古拉斯・施米德（Nicholas Schmidle），《一本罕见的书：围绕一份伽利略〈关键论点〉拷贝的谜团》（*A Very Rare Book*：*The Mystery Surrounding a Copy of Galileo's Pivotal Treatise*），《纽约客杂志》，2013 年 12 月 6 日，第 62—73 页；还参见，阿尔伯特・范海登，《揭露一种伽利略著作赝品》（*Unmasking a Galileo Forgery*），《天文学史杂志》2014 年第 45 期，第 370—386 页。

② 《伽利略著书》（注释 15）。另见 G.托马斯・坦希里（G. Thomas Tanselle），《常识》（*Common Sense*）2013 年第 19 期，第 575—576 页的评论。

③ 保罗・尼德汉姆，《真实性和传真性：伽利略的书面线索》（*Authenticity and Facsimile*：*Galileo's Paper Trail*），收入伽利略・伽利雷《1610 年威尼斯版〈星际信使〉》（佛罗里达州德尔雷比奇：利文吉出版社，与国会图书馆合作，2013 年），第 153—164 页。

勒：反宗教改革时代的哲学、宇宙学和神学》（2000）深入探讨了伽利略和开普勒之间的关系。这本书以及米歇尔·卡梅罗塔（Michele Camerota）的传记不久将有望被翻译成英文。最近波茨蒂尼、卡梅罗塔与弗朗哥·朱迪斯（Franco Giudice）携手合作，详细介绍了欧洲各种文化环境对《星际信使》接受的情况做了详细述评。最近有一本书出版了英文译本，题为《伽利略望远镜：欧洲故事》。①艾琳·里夫斯的文章《关于〈星际信使〉的历史编纂学研究十年》对所有这些贡献以及更多内容进行了回顾。②最后，应提及伊莎贝拉·庞坦（Isabelle Pantin）编写的《星际信使》（1992）和开普勒《论〈星际信使〉》（1993）法语版本，它们为伽利略作品的学术翻译设定了很高的学术标准。③

在引言和结语中，我做了一些小的更改和更正，在 Roger Ceragioli 的帮助下，我改进了伽利略致科西莫大公献辞的翻译。露丝·罗杰斯（Ruth Rogers）友善地提供了卫斯理学院《星际信使》藏本中的月球蚀刻画新的扫描图。

阿尔伯特·范海登

感谢艾琳·里夫斯和欧文·金格里奇

荷兰莱顿，2015 年 4 月

---

① 《伽利略望远镜：一则欧洲故事》（*Il Telesopio di Galileo：Una Storia Europea*）（都灵：埃诺迪出版社，2012 年）；该书英文版（*Galileo's Telescope：A European Story*），凯瑟琳·博尔顿译（坎布里奇：哈佛大学出版社，2015 年）。

② 艾琳·里夫斯，《关于〈星际信使〉的史学研究十年》（A Decade of Historiography on the Sidereus Nuncius），《伽利略研究杂志》2011 年第 8 期，第 37—72 页。

③ 伽利略·伽利雷，《星际信使》法文版（Sidereus Nuncius，Le Messager Celeste），伊莎贝拉·庞坦译，（巴黎：美文出版社，1992 年）；约翰内斯·开普勒，《与〈星际信使〉的对话，关于木星卫星的观测报告》（Discussion avec le messager celeste，Rapport sur l'observation des satelliters de Jupiter），伊莎贝拉·庞坦译，（巴黎：美文出版社，1993 年）。

英文第一版序言

《星际信使》无法与那些已经成为科学史经典作品的伟大著作相提并论。它没有托勒密《至大论》(又名《天文学大成》，Almagest)的持久魅力，也没有牛顿《原理》的综合之功。实际上，以科学成就而论，它也无法与伽利略本人后来的著作《关于托勒密和哥白尼两大世界体系的对话》和《关于两门新科学的对话》相比。出现这种情况的理由很充分:《星际信使》不是科学巨著，而是一份声明:它文章简短，用词平易，告诉智识界一个新时代开始了，宇宙和研究宇宙的方式从此改变。

这是一部前所未有的著作，虽然本书无疑体现了伽利略敏锐的观察和杰出的头脑，但它与其说是一本关于才智的书，不如说是一本关于仪器的书。自创世以来隐藏的天象突然被望远镜揭开，而且可以被任何能获得这种新设备的人所看到。首先是天文学，然后其他科学领域，研究方式从此发生了改变。天文学不再是博学之士的独占领域，没有经过正统训练的仪器制造者、才能普通的富豪、凭借操作手册和足够耐心的自学者，从此都能够而且确实在天文学研究中扬名立万。①

更不用说，伽利略宣布的这些发现改变了关于世界体系争论的术语。即使这些发现没有提供倾向哥白尼学说的逻辑论据，它们也

---

① 第一类人我们可以算上罗马的望远镜制造商朱塞佩·康帕尼(Giuseppe Campani, 1635—1715)，他制造的望远镜在17世纪60年代引起注意就是因为他的天文发现。第二类人最好的例子是约翰纳斯·赫维留(Johannes Hevelius, 1611—1687)，波兰格但斯克市(Gdansk, 旧译但泽)的一位酿造商继承人，他因为制造了巨大的望远镜、观测热情和豪华的出版物而闻名。第三类人最好的例子是威廉·赫歇尔(William Herschel, 1738—1822)，他制造了性能极好的望远镜，从而作出多项天文发现，并测绘了银河系图像。

一劳永逸地令古代权威（关于自然哲学传统学说的基础）变得无关紧要了。《星际信使》带我们进入了现代世界。

虽然大多数古代科学著作隔了几百年之后让我们已经难以理解，但《星际信使》丝毫没有失去新鲜感，我们依然能够分享它带给那些首次阅读它的人们的激动人心的感觉。这是一本少有的科学著作，对于学生和教师、爱好者和科学家都一样依然有意义且十分有趣。因此它已经从拉丁文原版翻译成许多语言。第一部英文版是由爱德华·斯塔福德·卡洛斯（Edward Stafford Carlos）在1880年翻译的，书名是《伽利略·伽利雷〈星际信使〉和开普勒〈折射光学〉部分序言》。[①]这个版本（在1960年重印）在多年里是标准译本，但已难以找到，它的行文风格让现在的学生也难以理解。斯蒂尔曼·德雷克（Stillman Drake）在《伽利略的发现和观点》（*Discoveries and Opinions of Galileo*，1957）一书里面的译本在其后三十年里是标准的英文翻译，但并不完整。德雷克在《望远镜、潮汐和策略》（*Telescopes*，*Tides and Tactics*，1983）中的完整译本被淹没在冗长的叙事之中。上述版本都缺少让现在的学生理解伽利略时代天文学的必要解释文字，也没有提供关于围绕本书已经出现的诸多详解文献的指南。我已经把我的译本与卡洛斯和德雷克的译本进行对比，还比较了毛特·霍森菲尔德（Malte Hossenfelder）的德文译本[②]和

① 《伽利略·伽利雷〈星际信使〉和开普勒〈折射光学〉部分序言》（*The Sidereal Messenger of Galileo Galilei and a Part of the Preface to Kepler's Dioptrics*），此书包括对于伽利略天文发现的原始评价。爱德华·斯塔福德·卡洛斯翻译、导读和注释（1880年伦敦版，1960年伦敦蓓尔美尔道森出版社重印）。

② 《伽利略·伽利雷〈星际信使〉〈关于两大世界体系的对话〉（节译）〈但丁神曲炼狱的测量〉》［*Galileo Galilei Sidereus Nuncius Nachricht van neuen Sternen. Dialog iiber die Weltsysteme*（*Auswahl*）. *Vermessung der Hölle Dantes*.］，麻吉里那·祖塔索（Marginalien zu Tasso）著，汉斯·布鲁门伯格（van Hans Blumenberg）翻译、导读（美因河畔法兰克福：岛屿出版社，1965年），第79—131页。

玛丽亚·廷帕纳罗·卡迪尼（Maria Timpanaro Cardini）的意大利文译本①。

现在这个译本是基于1610年威尼斯出版的《星际信使》（*Sidereus Nucius*）拉丁文本。②这个版本与《伽利略著作集》（*Le Opere di Galileo Galilei*）第3卷只有几处不同。但对于这几处文本不一致的情况，我都遵从了原版。我已经尽力使我的翻译既准确又能为今天的学生所理解。这里最困难的问题其实是本书的书名。拉丁语单词 *nuncius* 应该翻译成英语中的“信使”（messenger）还是“信息”（message）？在伽利略准备把本书交给出版商时，他在通信中把它称为他的 *avviso astronomico* 即“天文信息”（astronomical message），我们可以认为这个意思是他最初的意思。在向十人委员会（Council of Ten）提交的出版许可申请中，把本书称为 *Astronomica Denuntiatio ad Astrologos*，即“给天空研究者们的天文学声明”（Astronomical Anouncement to Students of the Heavens）。③当开始印刷时，这个文本的介绍被冠以书名“天文信息”（*Astronomicus Nuncius*）。但书名页最终付印时，伽利略又一次改变了主意，使用

---

① 意大利语书名，版本。*Galileo Galilei Sidereus Nuncius*. *Traduzione con Testa a Fronte e Note di Maria Timpanaro Cardini*（Florence：Sansoni，1948）.

② 我使用的是佛罗伦萨国家图书馆的翻印本（Pal 1200/23），在1964年印刷了1 000份，那时正值伽利略诞生四百周年。在这个翻印本中，用 Medicea（美第奇）覆盖 Cosmica（宇宙）的贴纸丢失了。在20世纪60年代，布鲁塞尔的文化与文明出版社［Editions culture et civilisation（Brussels）］出版了一个不带插图的翻印本。1987年，英国的档案翻印公司［Archival Facsimiles，Ltd.（Alburgh，Harleston，Norfolk，U.K.）］出版了一种新的翻印本。

③ 见《伽利略著作集》（*Opere*）第19卷，第227—228页。我在此处遵从爱德华·罗森的翻译“给天空研究者们的天文学”（astrologos as students of the heavens）。见《伽利略〈星际信使〉的书名问题》（*The Title of Galileo's Sidereus Nuncius*），《伊西斯》（*Isis*）1950年第14期，第289页。除非另有说明，《伽利略著作集》所有文章的翻译均由我本人完成。

了更具雄心的措辞“星际信使”（Sidereus Nuncius）。跟伽利略同时代的人们，最著名的是约翰内斯·开普勒（Johannes Kepler），都把nuncius 解释为 messager，这一点我们可以在开普勒的 *Dissertatio cum Nuncio Sidereo* 即《与〈星际信使〉的对话》（Conversation with the Sidereal Messenger）看到。这后一种解释被出版于 1681 年的第一个法语译本所遵循。①

在英语世界里，辛辛那提天文台的建立者奥姆斯比·麦克奈特·米切尔（Ormsby MacKnight Mitchel）在 1846 年至 1848 年出版了一份名为《星际信使》的天文普及杂志②，四十年后，明尼苏达州诺斯菲尔德的卡尔顿大学天文台的台长 W.W.佩恩（W.W.Payne）用同一名称出版了他的杂志，这就是乔治·埃勒里·海尔（George Ellery Hale）的《天体物理学杂志》（Astrophysical Journal）的前身。③与此同时，《星际信使》的第一个英语译本在伦敦出版，译者爱德华·斯塔福德·卡洛斯，他同样挑选了《星际信使》作为书名。④1950 年，爱德华·罗森（Edward Rosen）回顾了这个“错误”的历

① 法文版《星际信使》（Le messager celeste），亚历山大·蒂内利斯（Alexandre Tinelis），阿贝·德·卡斯特莱特（Abbe de Castelet），（巴黎，1981 年）。还有一种出色的现代法文译本《星际信使》（Sidereus Nuncius；le message celeste），艾米丽·纳默译，（巴黎：高西尔—维拉斯出版社，1964 年）。

② 《星际信使》（The Sidereal Messenger），《关注天文科学的月刊》，编辑者 O.M.米切尔（辛辛那提，1846—1848 年）。

③ 《星际信使》（The Sidereal Messenger），编辑者 W.W.佩恩，10 卷（诺斯菲尔德，明尼苏达州，1882—1891 年）。从第 11 卷（1892 年）开始，杂志名改为《天文学和天体物理学》（Astronomy and Astrophysics），乔治·海尔成为共同编辑者。到 1894 年，海尔成为杂志唯一的编辑者，杂志名改为《天体物理学杂志》（Astrophysical Journal，第 1 卷；芝加哥，1894 年）。

④ 《伽利略·伽利雷〈星际信使〉和开普勒〈折射光学〉部分序言》（The Sidereal Messenger of Galileo Galilei and a Part of the Preface to Kepler's Dioptrics），此书包括对于伽利略天文发现的原始评价。爱德华·斯塔福德·卡洛斯翻译、导读和注释（1880 年伦敦版，1960 年伦敦蓓尔美尔道森出版社重印）。

史，并证明伽利略本人在1626年曾经反对“信使”这种解释。①罗森的文章发表之后，对伽利略的原始意图已无可怀疑了。②但这个问题并没有结束。

在科学史上，整整一代操英语的学生都曾受益于斯蒂尔曼·德雷克不完整的《星际信使》译本，它包含在《伽利略的发现和观点》之中。德雷克显然知道伽利略本意指 *nuncius* 为“信息”(message)，但他为了尊重传统仍把书名翻译为“星际信使”(Starry Messenger)，而在正文第一页的标题中把 *astronomicus nuncius* 表述为“天文信息”(astronomical message)。③当罗森在一篇综述文章④中对此提出批评时，德雷克相当详尽地为他的选择进行了辩护。他指出，在1610年，伽利略的学生和其他人都使用的是“信使”(messenger) 这个解释，而且伽利略本人在十多年中都没有反对这种解释，在此期间，这个解释已经被顽强地确立了。换句话说，伽利略使这个“错误”生了根，很可能它让伽利略感到高兴而不是生气。德雷克进一步提出，认为本书是“信使”，其内容是“信息”，

---

① 爱德华·罗森，《伽利略〈星际信使〉的书名问题》，《伊西斯》1950年第14卷，第287—289页。

② 注意，在其他语言的现代译本中，遵从了伽利略的最初意图。Nuncius 被玛丽亚·廷帕纳罗·卡迪尼翻译成了意大利语 annunzio，被埃米尔·纳默（Emile Namer）翻译成法语 message，被毛特·霍森菲尔德（Malte Hossenfelder）翻译成德语 Nachricht。不过，赫尔豪·费尔南德斯·奇蒂（Jorge Fernandes Chiti）把它翻译成了西班牙语“信使”mensajero。见《星际信使》（*El Mensajero de los Astros*），译者 J. Fernandes Chiti，作序者何塞·巴比尼（Jose Babini），（布宜诺斯艾利斯：布宜诺斯艾利斯大学出版社，1964）。［中文译注，这里提到的西班牙语版译者名应为 Jorge Fernandes Chiti，原文错拼成了 Jose Fernandes Chitt。］

③ 《伽利略的发现和观点》（*Discoveries and Opinions of Galileo*），斯蒂尔曼·德雷克翻译、作序、注释（纽约花园市：双日出版社，1957年），第19、27页。注意在《望远镜、潮汐和策略》（*Telescopes, Tides, and Tactics*, 1983）中德雷克收入了这些译文（第12、17页）。

④ 爱德华·罗森，《斯蒂尔曼·德雷克的〈伽利略的发现和观点〉》，《伊西斯》1957年第48卷，第440—443页。

可以取得完美的一致性。①

综上所述，我同意德雷克的选择。虽然从伽利略在1610年头几个月的通信中有足够的证据表明他的意思是“信息”，但“信使”已经是约定俗成的传统，而且伽利略最初的沉默使这个传统得以成立。为了与英语世界的翻译传统一致，我选择了“星际信使”（Sidereal Messenger）作为本书的副标题，而且与德雷克一样，我把astronomicus nuncius在正文开头翻译为“天文信息”（astronomical message）。

在本书准备付印过程中，我得到了好几位同事的帮助。海伦·伊可（Helen Eaker）检查了我的最初译文，挽救了我的几处错误。斯蒂尔曼·德雷克、欧文·金格里奇和诺尔·斯瓦洛（Noel Swerdlow）阅读了全书，给了许多有益的评论。罗伯特·欧戴尔（Robert O'Dell）帮我解决了几个天文学问题，乔治·特雷尔（George Trail）提出了多种建议改进了我的措辞。菲利普·萨德勒（Philip Sadler）重新绘制了好几幅伽利略的示意图。这个译本使用的《星际信使》第一版的书名页以及原始插图是从卫斯理学院保存的版本复制的。②我感谢卫斯理学院允许我复制这些材料，还要感

① 斯蒂尔曼·德雷克，《星际信使》，《伊西斯》1958年第49卷，第346—347页。在《望远镜、潮汐和策略》中，在一次假想的对话中，德雷克借保罗·萨尔皮（Paolo Sarpi）之口说了如下的话（第12页）：“他（伽利略）心中的标题是‘天文信息’，这将在正文的第一页上看到。但后来他发现传递信息的是一个使者，而且对于包含来自星星的新闻的一本书来说，这是一个非常有吸引力的标题，从而成为他最终选中的书名。因此，是这本书，而不是它的作者，是所谓的信使（nuncius）或使者——尽管同样这一个词也可以仅仅意味着是消息。”

② 《星际信使》的第一版中有四幅图（在本书的第72、74、78和81页中复制出来的）中漏掉了一颗“美第奇星”，不过这些星都出现在伽利略的手稿中。我在方括号中添加上了这些丢失的星星。

谢凯瑟琳·帕克（Katharine Park）和安妮·安宁杰（Anne Anninger）帮我获得它们。在1987年秋季莱斯大学历史223课程中，我的学生们耐心地阅读早期并不完美的手稿，我必须特别指出菲利普·萨姆斯（Philip Samms）的评论。当然，我本人要对所有的错误负责。莱斯大学在不胜枚举的多方面慷慨地支持了我的研究，本书的一部分是在国家自然基金的一项资助下完成的。

英文版导言

1609年秋季，帕多瓦大学（在威尼斯附近）45岁的数学教授伽利略·伽利雷把一架放大能力为20倍的望远镜指向月亮，从而引起一连串的事件，进而震动了欧洲智慧殿堂的基础。尽管伽利略并不是第一位使用望远镜进行天文观测的科学家，但他却是最成功的一位，远在他人之上。他用望远镜作出了第一批关键的发现，从而主导了这个新的求知领域，还从来没有人具有如此的影响。

当伽利略在1609年夏季第一次听说望远镜时，它还是一种崭新的事物。关于这种能够把远处的东西显得就像在眼前一样的新奇装置的报告，在上一年秋季已经从荷兰流传开来。不过，在跟踪这些事件之前，让我们先回顾一下背景。

我们的故事是从眼镜片开始的。早在大约1300年，年老的学者们遭受看不清近处的物体的折磨，这对他们的阅读和写作造成严重损害，今天我们知道这是功能的逐渐衰退，通常开始于四十多岁。①这种情况被称为“老花眼”，极大缩短了学者的职业生涯。解决方法在13世纪后期出现了。方济各会修道士罗杰·培根（Roger Bacon，约1214—1292年）在他1267年出版的百科全书

① 在眼睛中，光被角膜、房水、晶状体和玻璃体折射，但只有晶状体可以调整。当晶状体比较扁平时，无需调整形状，来自远处物体的光会聚焦在视网膜上；当它比较凸出时，形状已经过调整，来自附近物体的光会聚焦在视网膜上。晶状体的适应性会逐渐降低，并且在四十多岁时，大多数人开始出现对距离大约2英尺以内物体聚焦的困难。此时，阅读变得困难，从而必须使用由单片凸透镜做成的阅读眼镜，能为近距离工作提供额外的屈光能力。参见简·F.科瑞兹（Jane F.Koretz）和乔治·H.昂德尔曼（George H.Handelman），《人眼如何聚焦》，《科学美国人》第259卷第1期（1988年7月），第92—99页。

《大著作》（Opus Maius）写到了放大镜，把玻璃球比较厚的那部分放在阅读材料上可以让字变大从而容易阅读。他提到这样的玻璃对老年人有用，“这样他们就能看到文字了，不管多小的字，都能被充分放大”。[①]培根推测了这项技术的能力（因此他在当时被视为魔术师），并对利用玻璃能够达到的神奇效果下了许多过分夸张的断言。[②]

到13世纪末，意大利的工匠已经开始制造薄的双凸镜片，并装在框上以便戴在眼前。[③]这类镜片中间比边缘厚，形似扁豆（lentil，拉丁语为 *lens*），因此英语中“镜片”一词就被称为“lens”。从这时候起，老年人就有阅读放大镜可用了，不过我们得知道这些早期的眼镜戴起来并不舒服，镜片的质量也不是很高。

到15世纪中期，意大利的眼镜制造商也能够制造凹透镜了，从而能够帮助“视力弱的年轻人”，也就是“近视眼”。[④]看来这些早期的只能矫正轻度近视，因为磨制和抛光高度弯曲的凹透镜很难。不过此时凸透镜和凹透镜都已经在销售，眼镜制造工艺（通常组织形成同业工会）也从意大利拓展到了欧洲其他地方，年轻人和老人都能够享受这些神奇仪器带来的益处。而且不仅仅大城市里有眼镜出售，巡回的小贩也在乡村的小型定居点、市场和集市上进行

---

① 罗杰·培根，《大著作》，翻译罗伯特·B.伯克，第2卷（费城：宾夕法尼亚大学出版社，1928年），第574页。

② 同上，第582页。

③ 爱德华·罗森，《眼镜的发明》，《医学史和相关科学杂志》1956年第11期，第13—46、183—218页。

④ 文森特·吉拉迪，《15世纪佛罗伦萨和米兰的眼镜和凹透镜：新文件》，《文艺复兴季刊》1976年第29卷，第341—360页。在近视眼中，角膜和晶状体组合具有过多的屈光力，所以来自远处物体的光线在视网膜前面聚焦。因此，近视的人无法清晰地看到远处的物体，但把物体拿到非常靠近眼睛的位置，就能看清楚了。

叫卖。

如果到1500年前后，凸透镜和凹透镜在全欧洲都有售卖了，为什么望远镜没有在这时候出现？毕竟，望远镜可以通过组合一片凸透镜和一片凹透镜，或者两片凸透镜而制造出来。这个答案可以从镜片的度数里找到。到那时为止，眼镜片一直是用吹出来的玻璃球制成的，仅抛光一个表面。这种镜片的光学质量对于眼镜来说已经足够好了，因为眼镜一次只会用到镜片很小的一部分。但是对于望远镜，经过初级接收器（即物镜）整个表面上所有的入射光都将聚集在焦点上。因此，多处较小的局部曲率畸变会导致在整个透镜表面上较大的不均匀性，因而导致图像模糊。在16世纪，眼镜制造商开始从平面玻璃毛坯开始，对镜片的两个表面进行打磨和抛光。由此，镜片的光学质量开始提高，但是仍然不可能在镜片整个表面上实现均匀的球面曲率。镜片几乎总是在边缘附近比在中心弯曲程度更高。而且，尽管欧洲有许多人熟悉放大镜片的各种组合方式，但这些组合始终会产生模糊的图像——除非有人做出反直觉的举动，将物镜的进光区域限制在仅仅取曲率最均匀的中心区域。当初级接受器的孔径减小到约半英寸时，才能通过结合低度数的凸透镜和高度数的凹透镜产生整体清晰、边缘清楚的放大图像。①

与此同时，随着“自然魔法”在16世纪兴盛，人们开始猜测可以通过透镜和镜面实现的奇妙效果。出于这个原因，有时人们一直认为，一些早期形式的望远镜在此期间可能已经被广

① 罗尔夫·维拉赫（Rolf Willach），《发明望远镜的漫漫长途》（The Long Journey to the Invention of the Telescope），《美国哲学学会学报》2008年第98期第5部分，第93—99页。

泛使用。[1]一些16世纪炼金术士声称可以制造具有神奇力量的光学装置，但这些想法从来都没能转化为实际的望远镜或显微镜，因为它们并非基于对所涉光学原理的正确理解。然而，似乎很清楚的是，在意大利，到16世纪末期，透镜组合被用于某些装置（例如致力于矫正视力缺陷），而望远镜还只是个“未知数”。此外，在此期间，意大利玻璃工人把他们的专业知识传授到了欧洲其他地区，包括荷兰。[2]

望远镜时代开始于1608年9月末的荷兰。在9月25日，荷兰西南省份泽兰省政府的成员们，写信给他们在首都海牙的全国政府总议会的代表，说明在米德尔伯格（泽兰省首府）的一位眼镜制造商“通过一种仪器能够把非常远处的任何东西看起来就像在近旁一样”。[3]几天之后，总议会讨论了汉斯·李普希（Hans Lipperhey）关于这样一种仪器的专利申请。不过，两星期之内，又来了两份关于这项发明的声明，分别来自阿尔克马尔（阿姆斯特丹北部）的雅各布·梅提斯（Jacob Metius）和米德尔伯格的萨卡瑞斯·雅森（Sacharias Janssen）。总议会决定这项发明虽然有用，但由于太容易被复制，因此不应授予专利。[4]看来，大约在李普希在海牙申请专利的同时，一位荷兰商贩在法兰克福的年度秋季交易会上正在出售同样的设备，[5]法兰克福位于海牙东南300英里。

这种仪器很明显不是秘密。在李普希申请专利几周之后，这个

① 对于此类主张的检验，参见阿尔伯特·范海登（Albert Van Helden），《望远镜的发明》，《美国哲学学会学报》1977年第67卷第4部分，第5—16页。

② 同上，第24页。

③ 同上，第20、35—36页。

④ 同上，第20—25、35—44页。

⑤ 同上，第21—23页。

消息通过外交渠道在荷兰以外传播开来，随着消息之后仪器本身很快被散布开来。到 1609 年春天，巴黎的眼镜制造商已经在出售小型窥镜（spyglass），到夏天这种仪器已经到了意大利。①这些小玩意儿是在管子里放入一个凸透镜和一个凹透镜，放大倍数只有三四倍。有些人本来被关于它们具有奇迹般效果的传言引起了极大的兴趣，但在实际考察之后又大为失望。②

没有泄气的人里有一个就是伽利略。关于这种新仪器的谣言在 1608 年 11 月传到了他在威尼斯的朋友神学家保罗·萨尔皮那里。③下一年春天萨尔皮神父写信到巴黎去询问雅克·巴多维尔（Jacques Badovere）进行确认，此人曾经是伽利略的学生。④正是在此时，伽利略首次投入精力关注这种新仪器。在《星际信使》中他告诉我们，他第一次听到传言大约是 1609 年 5 月，稍后巴多维尔的信证实了这个消息。我们怀疑他可能更早就听到过传言，只是没有关注（关于神秘仪器的夸张说法后来又被证明是骗局的事情是很常见的）。但当他从萨尔皮处听到巴多维尔证实这种仪器的存在，并可能报告说窥镜已经在巴黎广为销售的时候，他变得非常有兴趣了。

---

① 对于此类主张的检验，参见阿尔伯特·范海登，《望远镜的发明》，《美国哲学学会学报》1977 年第 67 卷第 4 部分，第 25—28 页。

② 同上，第 44—45 页。

③ 《保罗·萨尔皮致弗朗切斯科·卡斯特里诺》（*Paolo Sarpi to Francesco Castrino*）（1608 年 12 月 9 日），见曼利奥·杜里奥·布斯内利《保罗·萨尔皮神父与胡格诺教徒致弗朗切斯科·卡斯特里诺的往来书信》，《威尼斯皇家科学、人文和艺术研究所学报》（1927—1928 年，第 87 期，第 2 部分），第 1069 页；转载自《保罗·萨尔皮神父》《给新教徒的信》，布斯内利编，2 卷本。（巴里：朱斯、拉特尔扎父子出版社，1931 年），第 2 卷，第 15 页。另见《萨尔皮致杰罗姆·格罗斯洛·德·艾尔》，1609 年 1 月 9 日，同上，第 1 卷，第 58 页。

④ 萨尔皮致巴多维尔的信，1609 年 3 月 30 日。见布思尼利，《未发表的通信》，1610。萨尔皮写完信后 3 到 5 周收到了巴黎的回信。因此，我们可以认为，在 5 月中旬之前不多久，巴多维尔的答复才刚到达他的手中。这与伽利略的陈述非常吻合，他听到了传言，并且“大约在 10 个月之前”得到了证实，那么从 1610 年 3 月中旬算起，证实的时间就可定为 1609 年 5 月中旬。

对伽利略来说，拿到眼镜片、重现这项发明是非常容易的。实际上，他后来陈述说他从威尼斯返回的第一个晚上就完成了这件事①（很有可能是在威尼斯，萨尔皮给他看了巴多维尔的回信）。对于这个尝试，伽利略不是特例：有好几个人已经这样做过了。但是，在接下来六个多月里，他用这种新仪器做的事情，对天文学历史至关重要。

在托斯卡纳（Tuscany）出生的伽利略（生于比萨，长于佛罗伦萨），自1592年起在威尼斯共和国的帕多瓦大学教授数学。作为家中长子，他有非常重的经济负担（比如为两位妹妹准备嫁妆），虽然他没有结婚，但情妇给他生了两个女儿和一个儿子。他的薪水不能满足家庭支出，为了弥补，他招收寄宿学生，还雇了一名工匠制造科学仪器进行售卖。在这些繁忙的事务之余，他继续进行他的运动学研究。到1609年，当上述这些事件引起他注意的时候，他已经得到了几条重要的结论，包括划时代的自由落体定律。不过，像许多教授一样，他总是善于抓住机会提高经济地位，从而为研究争取更多时间。这回他抓住了“窥镜”。

伽利略第一次的成果，是用普通的眼镜片组装起来的，能放大3倍，他立即给自己定下了提高仪器放大倍数的任务。作为富有经验的数学教授，他非常熟悉光学理论，但当时光学这个学科还无法告诉他关于窥镜的工作原理。不过，伽利略是一位杰出的实验科学家，通过试错，他迅速发现，这件简单仪器的放大倍数取决于两个镜片的焦距之比。确定了这个关系之后，伽利略就知道了他需要度

---

① 伽利略《试金者》（1623）。见斯蒂尔曼·德雷克和C.D.奥马利（C.D. O'Malley），《关于1618年彗星的争论》（*The Controversy on the Comets of 1618*），（费城：宾夕法尼亚大学出版社，1960年），第211页。

数较低的凸透镜和/或度数较高的凹透镜。麻烦在于，这样的镜片无法从眼镜制造商那里买到，因为那些手工艺人制造的镜片度数范围非常有限。因此伽利略只能自学磨制和抛光技术来制造所需的镜片，这是一项艰巨的任务，需要相当高水平的手工技巧。到1609年8月底，他已经成功造出了能放大八九倍的窥镜。比起那些运到威尼斯来的普通窥镜来说，性能有了极大的提高。①通过他的好朋友保罗·萨尔皮的职务关系，伽利略得以和威尼斯议会接洽，希望演示他的新仪器。在8月29日写的一封信中，他讲述了接下来发生的事情②：

> ……这是我被威尼斯总督召见之后的第6天，我在他和整个议会面前展示它，令所有人大为惊讶；有多位绅士和议员虽然年事已高，还是不止一次爬上威尼斯最高钟楼的台阶，来观察远处海上的帆船，它们正满帆驶向港口，如果没有我的窥镜，就得再过2小时甚至更多时间才能看到它们。实际上，举例来说，这件仪器的效果相当于把50英里远的物体，呈现为就像是只有大约5英里那么近。

绅士们对这件仪器明显的军事优势印象非常深刻。两天后，伽利略出现在议会，把他的仪器捐献给了共和国。跟这件礼物一起送上的，是他写给威尼斯总督也就是最高行政官的一封信，这封信的

① 《伽利略著作集》第10卷，第250、255页。

② 同上，第253页。此处除了些许修改，我遵从了斯蒂尔曼·德雷克的译文，见《伽利略科学传记》（*Galileo at Work: His Scientific Biography*），（芝加哥：芝加哥大学出版社，1978年），第141页。另见爱德华·罗森《伽利略致兰杜齐信函的真实性》，《现代语言季刊》1951年第12卷，第473—486页。

风格是按照当时向统治者说话的惯例写成的①：

最尊敬的君长，

伽利略·伽利雷是高贵的殿下您最谦卑的仆人，他孜孜不倦、专心致志，不仅履行了帕多瓦大学数学讲座的职责，而且还为殿下您带来了非凡的利益，一种有用的杰出发明，现在呈现在您面前的用眼镜做成的精巧设计，它来自对透视最深刻的推测，它能使那些远方的可见物体拉近到眼前，变得非常清晰，例如，9英里看起来好像只有1英里远。对于所有海上或陆地上的交易和事业来说，它带来的好处是不可估量的，它让我们在海上发现比通常在更远的距离就能发现敌人的帆船，这样在敌人发现我们之前，我们可以有2小时或更长时间去侦察对方，并区分船只的数量和种类，判断其兵力，从而作好追击、战斗或逃走的准备；同样地，它让我们在陆地上，尽管在远方，也能在高处看清敌人的堡垒、营房和防御力量，或者在开阔地上行军时看见对方并辨认细节，从而掌握对方的行动和准备情况，令我方获得巨大优势；除此之外的许多其他好处，所有明智的人都能清楚地看到。因此，我判断它值得呈送给殿下，您也会认为它非常有用，所以我决定将它献给您，并将这项发明的决定权交付于您的管辖之下，以便您可以掌控它，并根据您看到的上帝旨意，决定是否建造出来以供使用。

伽利略又说，他满怀感情地将之呈献给殿下您，作为他在帕多瓦大学过去17年所获得的科学成果之一，并希望继续他

① 《伽利略著作集》第10卷，第250—251页。

的研究以呈现给您更大的成就，如果这能够取悦上帝和殿下您，他渴望在为您的服务中度过他的余生。为此他谦卑地鞠躬致敬，并向威严的上帝为您祈求最大的幸福。

换句话说，伽利略给了总督和参议院唯一制造他的仪器的权利，作为回报，他非常巧妙地要求提升他在大学里的职位。在他的演讲之后，伽利略被告知他在大学的合同将终身续订（换句话说，他获得了终身职位），并且他的工资将从目前的每年 480 弗罗林增加到 1 000 弗罗林。① （然而，当他收到正式通知时，他失望地发现，在现有合同到期，也就是 1609—1610 学年结束之前，新工资不会生效，并且该奖励排除了进一步加薪的可能性。）②

如前所述，伽利略并不是威尼斯共和国唯一拥有窥镜的人。来自其他地区的旅行者来往于威尼斯，出售了数量可观但只能放大三到四倍的简单窥镜。通过将所有的聪明才智和精力投入到提升设备性能中，伽利略凭借其更强大的仪器，成功地在竞争中获得了巨大的领先优势。如果在此时的狂热活动中，他花时间把这种装置指向天空，他也不是第一个这样做的人了。在 1608 年秋天，荷兰的第一批窥镜之一已经被指向了群星③；还有，在伽利略把他的仪器献给总督前几周，英国的托马斯·哈里奥特用一架放大六倍的窥镜观察了月亮，画出了那个天体的第一个望远镜画像——比肉眼所能达到

① 《伽利略著作集》第 10 卷，第 254 页。

② 同上，第 9 卷，第 116—117 页。

③ 《驻暹罗王国大使馆致最杰出的莫里斯亲王》，1608 年 9 月 10 日抵达海牙（海牙，1608），第 11 页。见斯蒂尔曼·德雷克，《被埋没的记者和望远镜起源》（The Unsung Journalist and the Origin of the Telescope），（洛杉矶，泽特林和冯·布鲁日出版社，1976 年）。

的效果好不了多少①。与此同时，伽利略显然更关心从改进后的仪器中获得的俗世利益，而不是什么天文优势。

也许是由于进一步改善自身状况的雄心壮志，这次他把希望投向了他家乡托斯卡纳的宫廷，伽利略继续努力制造出了更好、更强大的窥镜。那个秋天的某个时候，他开始通过这些仪器研究天空，特别是月亮，我们可以假设他此时开始意识到这种仪器将彻底改变天文学和宇宙论。1609 年 11 月某日，他完成了一架放大 20 倍的仪器，是他 8 月那个成果的 2 倍还多——他进行了他的第一个天文研究项目，对月球的一次彻底研究。在 11 月 30 日至 12 月 18 日期间，他观察并绘制了我们这颗卫星历经的月相变化，留下不少于 8 张绘图。②

关于月亮，触动伽利略的，还有后来其他人的，是新仪器所揭示的月面凹凸不平。根据当时流行的亚里士多德地心宇宙论，天界是完美无瑕、永不改变的，天体是完全光滑的，呈球形。月亮上裸眼可见的大斑点，通过特殊设计一般可以解释。例如，人们可以假

---

① 泰莉·布鲁姆（Terrie Bloom），《借来的洞察力：哈里奥特的月球绘图》（Borrowed Perceptions：Harriot's Maps of the Moon），《天文学史杂志》1978 年第 9 期，第 117—122 页。

② 关于古列尔莫·里吉利（Gugleilmo Rigihini）检查伽利略月球观测日期的问题，见《对伽利略月球观测新考察》（*New Light on Galileo's Lunar Observations*），收入《科学革命中的理性、实验和神秘主义》（*Reason，Experiment，and Mysticism in the Scientific Revolution*），玛利亚·路易莎·里内利·博纳利（Maria Luisa Righini Bonelli）和威廉·谢（William Shea）编（纽约：科学史出版社，1975 年），第 59—76 页。也参见欧文·金格里奇，《里吉利教授关于〈星际信使〉的论文》（*Dissertatio cum Professore Righini at Sidereo Nuncio*），同上，第 77—88 页。斯蒂尔曼·德雷克，《伽利略最初的望远镜观测》（*Galileo's First Telescopic Observations*），《天文学史杂志》1976 年第 7 期，第 153—154 页。还有里吉利，《伽利略的天文著作为科学解释做出的贡献》（*Contributo alla Interpretazione Scientifica dell'Opera Astronomica di Galileo*），专著第 2 辑，《科学史学会和博物馆纪事》（佛罗伦萨，1978 年），第 26—44 页。我这里采用了埃文·A.惠特克《伽利略的月球观测和〈星际信使〉完成日期》里的结论，见《天文学史杂志》1978 年第 9 期，第 155—169 页。

设完全光滑的月亮上那些部分吸收、然后发出的光与其他部分不尽相同。[①]但是，哥白尼理论已经，这么说吧，把地球置于诸天之中，也就开始模糊了充满变化和腐败的地上与不变和完美的天界之间的区别。此外，1572年出现的一颗新的星星（超新星）和1577年的彗星被证明是在天界而不是（如亚里士多德所说的）在地球大气范围之内，都已经对天界的不变性和完美性造成了沉重的打击。然而，很少有人完全认同这些新发展对其概念工具的影响。当伽利略用他放大20倍的窥镜察看月球时，它的表面似乎没有任何光滑之处：它看起来粗糙而且不均匀。光明和黑暗之间的分界线（明暗界线）根本不是一条光滑的曲线，人们以往认为，如果月球的表面非常光滑的话，界线也应该是光滑的。窥镜里看到的正好相反，它是非常不规则的。在明亮的部分，月面特征明显由黑色线条勾勒出来，随着太阳光线变化，黑色线条有的会变宽阔，有的会变窄；在黑暗的部分，也有一点点的光斑。伽利略得出的结论是，就像地球的表面一样，月球的表面也布满了山脉、峡谷和平原。在1610年1月7日的一封信中，也是描述望远镜观测结果的第一封信，他这样写道[②]：

> ……极其明确地可以看出，月亮根本没有一个平坦、光滑和规则的表面，很多人相信它和其他天体都是光滑的，但恰恰相反，它是粗糙的、不均匀的。简而言之，观察证明，理智的

① 罗杰·阿里厄（Roger Ariew），《在中世纪月球理论背景下的伽利略月球观测》，《科学史和科学哲学研究》1984年第15期，第213—226页。

② 《伽利略著作集》第10卷，第273页。我采用了德雷克在《伽利略最初的望远镜观测》的翻译，见《天文学史杂志》1976年第7期，第153—168页，其中第155页。

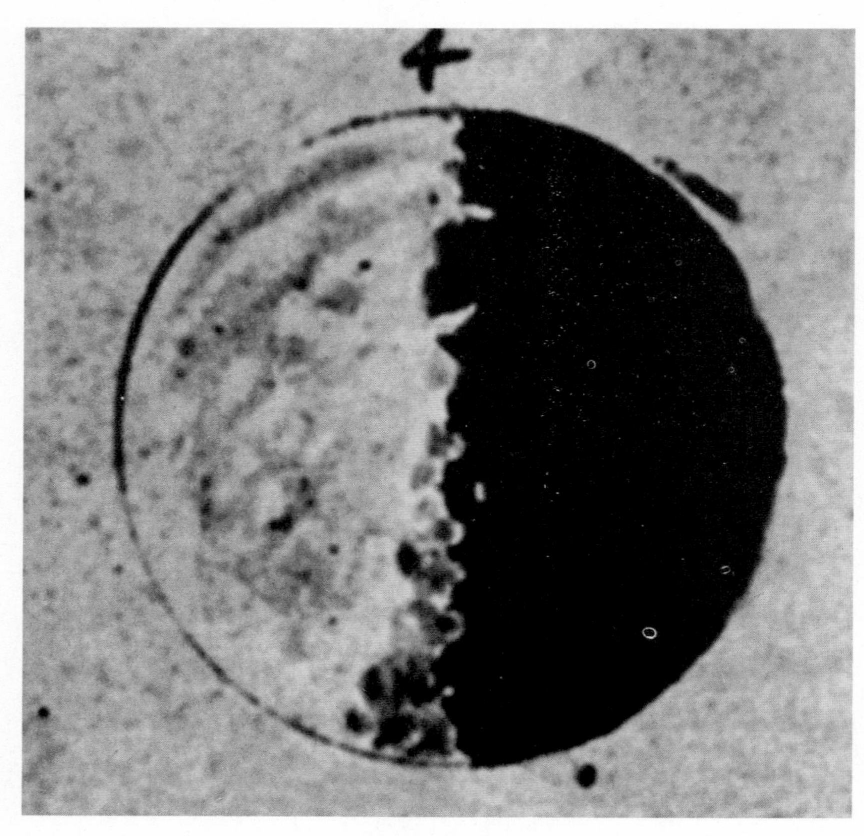

伽利略的月亮水彩画之一

（《伽利略著作集》1892 年版卷 3，第 48 页）

> 推理只能得出这样的结论，月亮上布满了凸起和空洞，类似于地球表面上散布的山脉和山谷，但尺寸还要更大。

伽利略接下来相当详细地描述这些现象，就好像为数月之后出版《星际信使》做的排练，只是书中发表的观察和结论更为详尽。他还提到他即将完成一架可以把物体放大 30 倍的仪器，并补充说："上述所有的观察，都不曾被人看到过，没有精巧的仪器也没人能看到，因此我们可以相信，这是世界上第一次如此近距离地、如此清晰地发现关于天体的情况。"①

因此，在这个时候他已充分意识到他所观察现象的历史重要性。不过，在 1 月 7 日他还不知道的是，他提到的另一个观察结果将使他在未来三个月后一举成名②：

> 除了对月球的观察之外，我还在其他星星那里观察到以下情况。首先，用窥镜看到了许多恒星，而在没有窥镜的情况下是看不到它们的；仅仅在今天晚上我才看到，木星旁边伴随着三颗恒星，由于它们太小而（用裸眼）完全是不可见的；它们的布局呈现为以下形式：

东　　　　　　*　*　✱　*　　　　　　西

如上所述，有别人已经注意到了，用窥镜比起用裸眼可以看到

①② 《伽利略著作集》第 10 卷，第 277 页；德雷克，《伽利略最初的望远镜观测》，第 157 页。我对德雷克的翻译略作了改动。

更多的恒星。但伽利略在这里画出了他认为是木星附近的三颗恒星的布局。他的注意力被它们吸引住了，因为它们与木星形成一条直线，而且就其大小来说它们显得非常明亮。在接下来的几天里，他发现它们根本不是位置固定不变的恒星。

这封信还提到，行星用窥镜看起来呈现为小球的形状，就像小小的月亮一样，而恒星不是这样——他在《星际信使》中详尽地指出，恒星仍是一个点。为了避免我们认为所有这些观察都很容易，伽利略提醒他的通信对象①：

> ……仪器必须保持稳固，因此，为了避免因血液在动脉里流动和呼吸本身两者引起的手部颤动，最好把窥管固定在某个稳定位置。应该用布擦拭玻璃，使之保持干净清晰，否则它们会因为呼吸、潮湿或有雾的空气，或从眼睛蒸发的水汽本身而变得模糊，特别是在天气温暖的时候。

应该注意的是，伽利略所使用的那种类型的望远镜，是以凹透镜作为目镜，呈现的目标是倒立的，视野非常小。在放大 20 倍或更多的情况下，这样的仪器最多显示月亮直径的一半。这样小的视场使仪器难以使用，特别是在没有牢固支撑的时候。像木星这样的小天体用窥镜绝对不容易找到，而且极难使其保持在视野之内。

1 月 7 日的这封信是关于望远镜观测天象的第一次科学讨论，除了提到木星的卫星之外，它还是 9 星期之后出版的《星际信使》的大纲。但正是伽利略发现的那些天体引发了使伽利略成为著名人

---

① 《伽利略著作集》第 10 卷，第 277—278 页；德雷克，《伽利略最初的望远镜观测》，第 158 页。

物的一连串事件。

伽利略放大 20 倍的窥镜用于观测地上物体和月亮是足够的，但当应用到像恒星和行星这样非常小而明亮的天体时，它们的光学缺陷严重限制了它们的效果。甚至具有完美均匀曲率的球面透镜也受限于球差和色差的缺陷①（伽利略对这些缺陷一无所知），更何况这些早期透镜具有非常不均匀的曲率。结果，图像，特别是相比于其大小显得非常明亮的目标，例如蜡烛火焰或星星，边缘很不清晰，并被杂乱的颜色包围。

在为了观察恒星和行星而改善成像的努力中，伽利略想到了缩小望远镜口径的装置，通过在物镜前面放置硬纸板的环洞，从而将入射光限制在该区域在光轴附近，此处的透镜曲率更均匀。在 1 月 7 日的那封信中，他写道："凸透镜，也就是离眼睛远的那片玻璃，应该被部分覆盖，留出的开口应该是椭圆形的，这样的好处是目标物体能看得更清楚。"孔径环的椭圆形状必然意味着，在这种特殊的仪器中，物镜存在研磨散光，这恰恰说明这些透镜是多么原始。这一时期的幸存至今的仪器孔径被大幅度缩小，因此 20 倍窥镜的孔径通常为 1.5 到 2.5 厘米，也就是说，它只让眼睛的聚光能力增加几倍而已。由于这些物镜的焦距大约为 1 米，这些窥镜的焦比为 50 或更高，17 世纪后来的时间里依然保持这个规则。毫无疑问，伽利略是第一个以这种方式调整望远镜的人，我们可以假定这件事儿发生是在他 1 月 7 日写那封信之前不久。

① 对于具有球面曲率的透镜，平行于光轴的入射光线不会完全汇聚在同一点上。这种缺陷被称为球面像差（球差），当时的几位作者已经知道了。尽管伽利略可能也熟悉它，但他在此时的作品中并未提及它。此外，入射光通过透镜过程中被分解成多种颜色的光谱，且不同的色光在不同的距离处聚焦。这种缺陷被称为色差，最初是由艾萨克・牛顿于 1672 年指出的。对于穿过镜片外缘部分的光线，这两种缺陷更为明显。

这样改善了小型明亮目标的成像质量之后，伽利略开始了观察行星和恒星的规划。他现在看到行星可以分辨出来显示为小球或圆盘，而恒星，或者当时被称为“固定的星星”(fixed star)[①]，没有显示出任何盘面。这是对哥白尼假说的重要证实，伽利略已经悄悄地认同了一段时间了[②]，根据哥白尼的看法，恒星的距离比行星要远得多。

并非所有的行星当时都位于有利的观察位置。1610 年 1 月初，金星出现在早晨的天空，而土星和火星在挨着太阳很近但距离地球最远的位置。除了它们展示的圆盘之外，伽利略几乎没有注意到这些行星的其他情况。对于木星的情况则有所不同。这颗行星刚刚通过了冲的位置（此时它与地球和太阳位于一条直线上，因而最接近地球），所以是夜空中最亮的目标。当伽利略于 1 月 7 日晚上将他新改进的望远镜转向它时，他的注意力被前面展示的布局所吸引。

当然，他以为他看到了排成一列的三颗小恒星，而那天晚上木星恰巧正在穿过它们的队列。在冲的位置附近，木星相对于恒星的运动是逆行，即从东向西移动[③]，因此，当伽利略第二天晚上再次寻找木星时，他原本期望是看到那些恒星的队形不变，木星相对于它们向西移动。事实上他所看到的却是木星向东移动了，它们仍在

---

① 在亚里士多德的宇宙论中，天体与地上的物体完全不同。但是所有的天体都是由相同的天界材质构成的。因此，所有的天体都被称为星星。绝大多数“固定恒星”以不变的形式围绕地球转动。它们形成了七颗“游荡的星星”(wandering star) 运动的背景，后者在黄道带穿行的路线可以被绘制出来。我们“行星”(planet) 一词来源于希腊语“游荡者”。

② 斯蒂尔曼·德雷克，《伽利略走向彻底哥白尼主义的过程和忏悔》(Galileo's Steps to Full Copernicanism and Back)，《科学史和科学哲学研究》1987 年第 18 期，第 93—105 页。

③ 包括地球在内的所有行星都以相同的方向绕太阳运行，从西向东，内侧行星比外部行星运动更快。当地球外侧的一颗行星处于“冲”位时，地球的快速运动使得那颗行星看起来好像正在沿着黄道带向后运动，也就是从东向西移动。

同一条直线上。这使他感到困惑，他以为也许是天文星表错了，木星已经回到顺行方向，也就是自西向东移动。木星看似异常的行为极大地引起了他的兴趣。

1月9日那天是个阴天，但到10日，他又可以观察这颗行星了。令他惊讶的是，他当天看到只有两颗星星，木星在它们两个的西边。显然，行星的运动依然是逆行的。但它们的表现为何以这种方式变化？在接下来一星期的观察过程中，他发现那里实际上有四颗小星星，木星并没有离开它们，而是一直在它们附近，跟它们保持在一条直线上，而且那些恒星沿着直线彼此相对移动，也相对木星移动。到了1月15日，他最终找到了这种奇怪行为的答案：木星有四个卫星！

这一发现的新颖性和重要性无论怎么说都不算夸大。自远古以来，天上只有七个“漫游者”，月亮和太阳、水星、金星、火星、木星，还有土星。现在，突然之间，它们中的一个被证明有四个同伴，古代伟大的哲学家们从来都不知道的四个漫游者。而且它们的发现回答了对哥白尼理论的一个主要批评：如果地球是一颗行星，为什么地球会是唯一拥有一颗卫星绕行的一颗行星，宇宙中又怎么会有两个运动中心？现在显而易见的是，地球不是唯一拥有卫星的行星，无论人们赞成什么世界体系学说，宇宙都有不止一个运动中心。如果木星的卫星更富有魅力，那么不平整的月球表面就更具有哲学意义。这就是表明天体并不完美的客观证据。

再过多长时间就会有别人发现同样的现象？伽利略知道他必须尽可能快地发表他的发现。如果一位优秀的观测者，即使所用的仪器不如他的强大，也会观察到月球表面的粗糙不平。而且，木星卫星在这颗行星周围形成了明亮而引人注目的排列，对于成功改进望远镜放大倍数的任何人来说都是显而易见的。[①]显然，时间至关重要。伽利略不想被别人抢先发表，更迫切的原因是他还没有放弃改善生活地位的希望。威尼斯议会没能提供进一步发展的希望。伽利略多年来一直与他的家乡托斯卡纳保持非常紧密的联系。几年前，在1605年的夏天，他担任年轻的科西莫·德·美第奇（Cosimo de'Medici）的数学导师，这个年轻人在1609年成为托斯卡纳大公科西莫二世，伽利略跟美第奇宫廷保持着密切接触。这些令人眼花缭乱的新发现为伽利略提供了从他家乡的统治者那里获得赞助的机会。

伽利略继续他对木星卫星的观察，还绘制了已知一些星座和星群中用望远镜可见无数恒星的几个例子，与此同时，伽利略详细记述了他的各项发现。早些时候，大概是在秋天到佛罗伦萨的一次短暂访问期间[②]，他向大公展示了从他的一架早期窥镜中看到的月亮的样子。他这时又向托斯卡纳宫廷写了一份关于他的发现（截至1月30日）的简要报告[③]：

> 我目前在威尼斯已经印刷了有关天体的一些记录图，它们是我用我的一架窥镜发现后做出来的，而且因为它们令人大为惊奇，我无限地把恩典归于上帝，这使他欢喜从而让我独自成为值得赞美之事的首位观测者，它们在过去这些年代里一直隐

---

① 在接近“冲”位时，木星的四颗伽利略卫星具有的星等在5到6之间。如果忽略木星的亮度，凭借裸眼就能看到它们。有证据表明，至少有一颗曾在中国用裸眼观察到过。见席泽宗，《伽利略前二千年甘德对木卫的发现》，《中国天文和天体物理学杂志》1981年第5期，第242—243页；和大卫·W.休斯，《伽利略晚了2000年了吗?》，《自然》第296期（1982年3月18日），第199页。

② 斯蒂尔曼·德雷克，《伽利略科学传记》（*Galileo at Work*），第142页。

③ 《伽利略著作集》第10卷，第280—281页。

藏不显。关于月亮是一个与地球非常相似的天体之事，我已经进行了确认，并部分地展示给了我们最尊敬的殿下，虽然不完美，因为当时我还没有我现在拥有的性能卓越的窥镜。除了月亮，这架窥镜让我发现了前所未见的大批恒星，它们的数量比我们自然可见恒星数量的十倍还多。更重要的是，我已经独自弄清楚了哲学家们之间一直存在的一个争议，那就是，银河是什么。但是，超越所有奇迹的是，我发现了四颗新的行星，并观察了它们规则和特殊的运动，它们之间运动的区别以及它们与所有其他星辰运动的区别；而这些新行星围绕另一个非常大的星星①运动，就像金星和水星②，可能还有其他已知的行星，围着太阳运动一样。一旦小册子完成了，我就将之作为公告发送给所有的哲学家和数学家，我还会把一本小册子，连同一架优良窥镜一起，呈送给最尊敬的大公，这样他就可以验证所有这些事实。

伽利略很快听说科西莫大公和他的三个兄弟“对（他）这种近乎超自然智慧的新证据感到惊讶”③，这时他做了一个非常精明的举动。2月13日，他给大公的秘书写了如下一封信④：

至于我新的观察，我确实会把它们作为公告发给所有哲学家和数学家，但也不能没有我们最尊敬大公的支持。因为既然上帝喜悦我，让我能够通过这样奇异的迹象，向我的主人显示

---

① 木星。
② 在托勒密地心体系的一个变体中，金星和水星围绕着太阳运行。
③ 《伽利略著作集》第10卷，第281页。
④ 同上，第283页。

> 我的奉献和我要使他光荣的名字与群星一样长存的愿望，因为我是第一个发现者，为这个新行星取什么名字取决于我，我希望效仿把那个时代最卓越的英雄置于星空的那些古代智者，用最尊敬的大公的名字来铭记它们。我只剩下一点犹豫不决，我是否应该把所有四颗星都献给大公一人，以他的名字称之为“科西莫之星”（Cosmian [Cosmica]）①，或者，既然它们的数目正好为四，所以把它们献给大公所有的四兄弟，称之为“美第奇之星”（Medicean Stars）。

大公秘书回复邮件告诉他，后一个选项是更让人喜欢的。②然而，伽利略之前以为大公会更喜欢“科西莫之星”（也是“宇宙之星”的意思），而且在秘书的回函到来之前印刷已经开始了。因此，在文本的第一页上，这些新行星被称为拉丁文的“科西莫之星”（Cosmica Sydera）。在此书大多数（如果不是全部）的复本中，通过贴上印有拉丁文“Medicea”的纸条覆盖“Cosmica”来纠正这个错误③。在印刷过程中，伽利略继续观测那些新行星。他的最后一次观测日期是1610年3月2日。在最后一刻，他还决定扩展固定恒星的部分，添加一些恒星排列的真实插图（和解释性文字）。包含这些材料的四个页面被添加在了书的中间，没有编页码。看起来

① 科西莫大公名字的意大利语Cosimo，拉丁化之后是Cosmus。Cosmica是其形容词形式，也是希腊语中的“宇宙”或“世界”。Cosmica意思可以是“科西莫的”“宇宙的”或“世界的”。这种含糊导致大公秘书贝利萨里奥·文塔（Belisario Vinta）更倾向于Medicean。在即将发表的一篇名为《徽章制造者伽利略》（*Galileo the Emblem Maker*）的文章中，马里奥·比亚焦里记下了木星在美第奇家族神话中的重要性。

② 《伽利略著作集》第10卷，第284—285页。

③ 安东尼奥·法瓦罗（Antonio Favaro），《伽利略和他在帕多瓦的研究》，第2版（帕多瓦：安特诺尔出版社，1966年），第1卷，第299—300页。

在印刷工作接近完成之际，伽利略仍然对稿件进行了最后的修改，因为现存的手稿最后几页上到处是补充和更正，看起来仅仅是一份初稿。①

《星际信使》的献辞上写的日期为1610年3月12日，而且第二天，伽利略向托斯卡纳宫廷寄出了一本未经装订的样书，并附上了一封信。②3月19日，他将正规装订的一本书，连他作出这些发现的那架窥镜一起寄出，以便大公能够亲眼看到新的天象。他还提到印制好的550份已经售罄，并宣布了他推出新的、扩充版本的计划。③但这个计划没有任何结果。

经过一番考虑之后，伽利略选择了《星际信使》（Sidereus Nuncius）作为他这本小书的书名。正如前言中所解释的，单词nuncius既可以表示信使，又意味着信息。因为在通信中提到了这本书的时候，他使用的是意大利语avviso，即公告或快信（甚至是Avviso Astronomico即“天文公告”这样的名字）④，我们可以假定他本意是这个词的后一种意思，我们因此应该把书名翻译“星际信息”（Starry Message或Sidereal Message）。但是伽利略同时代的许多人，包括约翰内斯·开普勒，都认为nuncius的意思是使者，伽利略多年来并没有反对这种解释。因此，将他这部著作称为《星际使者》的传统就扎根了，因此我并没有偏离这个传统。

这本书以一封用词华丽的献辞开始，伽利略在其中称赞高贵的科西莫二世，并将新行星献给了他。这类题献之作直到19世纪依

---

① 《伽利略著作集》第3卷第1部分，第46—47页。还要注意，在本书的最后两页中是缩印，有很多缩写词。见《星际信使》（威尼斯，1610年），f版本，第28页。

② 《伽利略著作集》第10卷，第288—289页。

③ 同上，第300页。

④ 同上，第283、288、298、300页。

然是常见做法，因为那时候的科学资金严重依赖个人赞助。伽利略正是为两类观众写作，一是他预期的赞助人科西莫二世，还有他的科学同行们。正如我们将要看到的，这种方法取得了成功。

《星际信使》的正文以标准的注重修辞的介绍开始，简要介绍了各项发现的卓越性和新颖性。接下来简要介绍了该仪器以及它是怎样发挥作用的，只有这样，伽利略才为讨论他的发现做好了准备。这个讨论由两个很长的部分组成，一部分是关于月球的，一部分是关于木星卫星的，两部分之间插入了对恒星，还有恒星与行星之间的外观差异的简短讨论。结论部分的内容非常少，鉴于这部作品是匆忙赶出来的，这并不令人感到奇怪。

关于月球的部分本身就是一篇小论文。它代表了伽利略第一次用望远镜进行的研究，因此，毫不奇怪，就论证的连贯性和说服力而言，它是本书最好的部分。读者可以欣赏到对月球表面上的光线和阴影运动的描述，这种运动揭示了它崎岖不平的性质。这是对我们这颗卫星令人信服的口头描绘，得到了视觉证据的支持。版画的质量有令人不能满意的地方，但它们表现效果仍然令人印象深刻。在伽利略对月球现象的描述中，他与地球上的现象进行了比较，从而有力地强调了月球具有与地球类似的性质。有一处，他甚至将一个巨大的圆形中央山谷（很可能是阿尔巴塔尼环形山，Albategnius）与波希米亚（地球上一个被山脉环绕的大平原）进行对比。此外，月球和地球之间的类似性显然与毕达哥拉斯学派宇宙观有直接联系，当时毕达哥拉斯学派的观点经常（尽管是错误地）被指为哥白尼理论。

伽利略充分了解这些发现的革命性，预期到会有争议。如果月球上有山脉，那么为什么其边缘看起来不像齿轮的轮廓？他正确地解释道，可见半球边缘的山谷被它们前后相连山脉的那些山峰所填充。因此，圆形轮廓中的不完美性在很大程度上被消除了。

事实上，要再过 50 年，望远镜性能才能变得足够好，才能显示月球轮廓中仍存在的微小不规则性。[①]作为另一种不完全的解释，伽利略提出了这样的可能性，就像地球一样，月球被一种比以太密度更大的物质包层所环绕（不过他后来撤回了这个解释）。月球上的山脉有多高？用一种漂亮的几何算法，伽利略根据阴影的长度得出了一个数字。他的结论是山脉高度超过了 4 英里（6.44 千米），在他看来，这比地球上的山脉要更高。

月亮的黑暗部分并不总是显得完全是黑的。在新月（也就是与太阳距离最近，称为“合”）之前和之后的一段时间，黑暗的部分看起来被一种灰光照亮。几个世纪以来，对这种现象已经提出了好几种解释，但只要思想家们还相信地球是一个黑色且不反射光的基体，那么就无法找到目前的解释。伽利略给出了正确的解释。当月亮是新月时，从月球上看到的地球是“满”的。来自太阳的光线被地球反射，从而照亮了月球上的黑暗部分，这样从地球上看来，月亮细镰刀形这部分被“抱”在阳光直接照亮，从而出现这种“新月抱旧月”的现象。伽利略并不是第一个给出这种解释的人：莱昂纳多·达·芬奇（Leonardo da Vinci）在一个未发表的笔记中首先提出了这种解释，是在一个世纪以前[②]；约翰内斯·开普勒说，他的

---

① 乔凡尼·多米尼克·卡西尼于 1664 年第一次看到了它们。参见朱塞佩·坎帕尼（Giuseppe Campani），《新观测到的两个细节》（Ragguaglio di due Nuove Osservazioni）（罗马，1664 年），第 38—40 页。

② 莱昂纳多·达·芬奇（1452—1519），莱克斯抄本，已拍卖，f 卷第 2 页。参见珍·罗伯茨（Jane Roberts），《已拍卖的莱昂纳多·达·芬奇抄本：水、大地和宇宙》（Le Codex Hammer de Leonard de Vinci，les eaux，les terre，l'univers），（巴黎：雅克·安德烈出版社，1982 年），第 12、30 页。

老师迈克尔·马斯特林（Michael Maestlin），一位哥白尼学说的拥护者，在 1596 年发表如今已经佚失的一套论文中已经提出过它了①；而且开普勒本人在他 1604 年出版的《天文学中的光学》（Astronomia pars Optica）一书中给出了完整的解释②。

伽利略接下来把注意力转向了恒星和行星。首先，他指出，恒星不会像月亮那样被望远镜放大。它们的亮度会增加，但它们的尺寸只是略微被放大了。另一方面，行星会被望远镜分解成具有清晰轮廓的圆盘，就像小个儿的月亮一样。在这里，在对这些小尺寸、而与其尺寸相比显得非常明亮的天体的观测中，伽利略在望远镜技术方面的领先地位最为明显。但是，我们不能让这种工具的优越性掩盖伽利略作为观察者的不可思议的才能。他抓住了这样一个事实，即他的望远镜所呈现的恒星放大图像至少大部分是虚假的，是像差所致。他之后的天文学者们很多自身也是天才的观测者，也使用了更好的望远镜，有时仍然相信他们正在观察的是已经被分辨出来的、测量直径的恒星盘面。

因此，恒星和行星之间的大小存在着巨大的差异，合乎逻辑的结论是，恒星虽然常常非常明亮，但与我们的距离要比行星到我们远得多。这就支持了哥白尼理论，在哥白尼理论中，因为看不到恒星周年视差，因而把恒星放到了离太阳和地球非常遥远的位置，在当时被认为是最远的行星土星和恒星天球之间留下了巨大的间隔。但伽利略在这部分内容里并没有提到哥白尼理论。

该节继续描述通过望远镜可以看到不计其数的恒星。伽利略展

① 爱德华·罗森，《开普勒〈与伽利略星际信使的对话〉》（纽约：约翰逊出版社，1965 年），第 32 卷，第 117—119 页。

② 《天文光学》（1604），《约翰内斯·开普勒文集》第 2 卷，第 223—224 页。

示了两个例子，即猎户座的腰带和剑的区域，以及昴宿星团，这两个都是众所周知的形状组合。他曾计划绘制整个猎户座星图，但其中有太多恒星，迫使他选择了一个较小的区域。该节以对银河系和其他云状斑块的讨论作为结束。伽利略认为，这些星云能被望远镜分解成许多小星星的聚集体，并以猎户座头部区域的星云以及巨蟹座的鬼星团，也就是蜂巢星团（古代称为马槽）作为实例证明。

本书最冗长的部分是关于在木星周围发现的新行星。在这里，伽利略呈现了直截了当的事实记录，讨论了他从 1 月 7 日到 3 月 2 日期间所有的观测。如果他只是描述了他的发现并给出了关于木星及其同伴队形的一两个例子，那么他的主张就不那么令人信服了。按顺序展示的漫长的观测结果使读者熟悉了那些卫星的运动，以及整个队形相对于恒星的运动，并证明了他进行这些观测时的细致。伽利略总结了他的结果如下：有四颗卫星绕木星转，同时木星围绕世界中心运行；这些卫星在大小不同的轨道上绕木星运行，轨道越小，周期越短。尽管伽利略尚未能确定这些周期，但他指出最近卫星的周期约为一天左右，而最远的周期约为半个月。

在这里，伽利略利用这个机会支持了哥白尼体系，尽管他没有声明他对该世界体系的忠诚。在托勒密体系中，地球是所有天体运动的唯一中心；在哥白尼体系中，运动有两个中心，即太阳和地球（行星围绕太阳转，月球是地球的卫星）。为什么，哥白尼体系的反对者问，地球是否是唯一拥有卫星的行星？此时望远镜提供了答案：地球不是唯一有卫星的行星；木星有不少于四颗卫星。

还有一个小问题。在伽利略看来，木星卫星的表观大小似乎随着时间而变化。他给出的解释是，假设木星像地球和月球一样，有一个比其他地方以太的密度更大的物质包层，当这个包层介于卫星和观测者的眼睛之间时，它会部分遮挡卫星。

在这里，正如他在关于月球那部分所做的那样，伽利略承诺在未来一本关于“世界体系”作品中为读者提供更丰富的讨论。那本书要一直到 1632 年才能出版。与此同时，他以很快将会把更多信息带给读者的承诺，结束了这本小册子。

SIDEREUS NUNCIUS

星际信使

星际信使

揭示伟大而且令人惊奇的景象
并且展现在每个人的眼前，
尤其是哲学家和天文学家。
它们的观测者是

伽利略·伽利雷

佛罗伦萨的贵族①
和帕多瓦大学的数学教授，
使用他近来设计②的窥镜③，
观测了月亮表面、数不尽的恒星、
银河，云状星
但特别是关于
四颗行星④
围绕着木星以不同间隔
和周期令人惊奇地迅速运行；
此前这些都无人知晓，
近期第一发现者
已经决定将其命名为

美第奇之星

---

① 伽利略来自佛罗伦萨，其家族可以追溯到13世纪。他的祖先中有好几位是佛罗伦萨共和国政府议会成员，还有一位有名望的医生。他的家族树见《伽利略著作集》第19卷，第17页，也可参见斯蒂尔曼·德雷克《伽利略科学传记》，第448页。

② 伽利略用的是拉丁语reperti，来自动词reperio。这个词既指“发明”，也指“设计”。尽管伽利略经常被指责说他本人实际发明（用我们现在的意思）了望远镜，但这显然是污蔑，正如下文可以证明。参见爱德华·罗森，《伽利略曾声称他发明了望远镜吗？》，《美国哲学协会的进展》第98卷（1954年），第304—312页。

③ 这里用的拉丁语是perspicillum。伽利略用意大利语occhiale来形容这种仪器。我始终用“窥镜”（spyglass）来翻译这些名词。望远镜（telescope）这个词要到1611年才出现。

④ 伽利略使用的行星（planet）和星星（stars），在那时基于亚里士多德宇宙观的术语中，这两个名词都是正确的。

献给最尊贵的

科西莫二世·德·美第奇

第四任托斯卡纳大公[①]

杰出人物的伟大事迹总会遭人嫉妒，也会有人以最优秀的善举进行捍卫，自发地保护理应不朽的令名不至于被遗忘和污损。基于此种原因，伟人形象会雕刻成大理石或青铜像，传诸后世用于纪念；基于此种原因，伟人步行或骑马的英姿会被制成高耸的雕塑；也基于此种原因，圆形石柱和金字塔的花费，正如诗人所说[②]，上达星际；最后，同样基于此种原因，充满感激的后人认为伟人值得永久赞美，于是以伟人之名建起雄伟的城市。但是，由于人类头脑的条件所限，除

---

① 科西莫二世·德·美第奇（1590—1621）在父亲费迪南德一世去世后，于1609年即位。其祖父科西莫一世是其家族中第一位获得大公头衔之人。

② 此处所指的是古罗马诗人塞克图斯·普罗佩蒂乌斯（Sextus Propertius）的《哀歌》（*Elegies*），他生活在公元前一世纪后半叶。《哀歌》第3卷第2章，谈到了颂歌的力量，是这么写的：

> 庄丽的金字塔巍峨耸立直达星辰，
> 埃利斯宙斯神庙宏伟有如天宇，
> 毛索洛斯墓穴的财富丰富得无与伦比，
> 但它们都逃不脱最后的崩溃命运。
>
> 或是火焰或暴雨会夺走它们的荣誉，
> 或是在岁月流逝中受重压而崩塌。
> 凭才能取得的名声不会虽时光消失，
> 靠才能获得的荣耀永恒不朽。

参见E.H.W.迈尔施泰因（E.H.W.Meyerstein），《普罗佩蒂乌斯的〈哀歌〉》（伦敦：牛津大学出版社，1935年），第95—96页。（诗歌译文取自王焕生译《哀歌集》，华东师范大学出版社，2010年——中译注。）

非从外界不断地用事物的形象加以影响，所有的记忆都容易消散。

不过，另有一些人致力于寻求更加永恒持久之物，他们不再把伟人的不朽名誉刻于大理石或金属之上，而是置于缪斯女神和不朽的文字丰碑的照看之下。但好像人类智慧仅满足于尘世之领域，还不敢处理超凡之天物，我又为何要提及它们？实际上，展望未来，我们会充分认识到，在历经暴力、风雨，或久远年代之后，所有人类纪念碑终将消亡，可人类聪明才智创造出来的不朽的符号，连贪婪的时间和嫉妒的死神都无法夺走。如此一来，把纪念置于天空，把那些最为明亮之星，我们熟悉的永恒之星球，配以那些因为其显赫甚至几乎神圣功绩创造者之名，因为他们被认定值得与群星同在，永垂不朽。其结果是，朱庇特、玛尔斯、墨丘利、海格力斯和其他众英雄之名被用来称呼上天诸星，在群星自身光芒消逝之前，令名永不会被埋没。

不过，人类睿智中这种特别高贵和令人钦佩的发明已经消失了很多世代，那些古代英雄占据了天上的明星，好像有权继续拥有它们。奥古斯都热切地试图把儒略・凯撒之名置于明星之列却徒劳无功，因为当他想把在当时出现的一颗星（希腊人所说的彗星即被我们称为毛发星）①命名为“儒略之星”，可它迅速消失了，似对这个梦想报以极大嘲讽。②但现在，最尊贵的大公，我们能够为殿下

---

① 彗星的希腊文 cometes 和拉丁文 crinitus 意思都是“有毛发的”。因此，其本义是描述了这些天体外观的“毛发星”。

② 在伽利略生平英译本中，我们在儒略・凯撒（Julius Caesar）生平的第 88 节可以看到如下记载：他死时 56 岁，死后不仅由正式法令列入众神行列，而且平民百姓也深信他真的成了神。因为在其嗣子奥古斯都为庆祝他被尊为神而举行的首次赛会期间，彗星连续 7 天于第 11 小时前后在天空出现。人们相信它是凯撒升天的灵魂。正是由于这个原因，他的塑像头顶上加上了一颗星。参见苏维托尼乌斯《罗马十二帝王传》，费列蒙・霍兰在 1606 年翻译成英文，2 卷本（伦敦：戴维・纳特出版社，1899 年），第 1 卷，第 80 页。另见威廉・甘德尔（Wilhelm Gundel）和汉斯・乔治・冈德尔（Hans Georg Gundel），《占星术：古代占星文献及其历史》，第 6 册，萨德霍菲档案馆（威斯巴登：弗朗兹・斯坦纳出版社，1966 年），第 127—128 页。

预示更真实、更有益的事情，恰似您伟大灵魂不朽的恩典开始在大地上闪耀，超过了明亮的星星自身在天上展示的光芒，它们就像舌头一样，会永远谈论着您的盛德。

请注意，正因如此，有四颗星是为您的令名而保留的，而且它们不是那些普遍类型、数量众多、不太知名的恒星，而是有着卓越秩序的行星，的确，它们以惊人的速度在围绕着最为尊贵的木星的轨道上转动，它们的运动各不相同，同时又就像同一个家庭的孩子一样，它们以相互和谐的方式，一起每十二年又围绕着世界中心，即太阳本身，完成一次公转。①

确实，看起来就像是星星们的创造者本人通过明确论证劝告我，以殿下您高贵名字来称呼这些新行星，而不考虑其他。因为这些星星，像罗马主神朱庇特的杰出的后代一样紧挨着他，从未离开他的身旁，②所以谁不知道您慈悲而慷慨的心性、亲切温和的举止、辉煌的皇室血统、威严的仪态、统治之宽宏而福泽远方，所有这些特质在殿下身上都可以找到，又远超其他君主。

我要说，谁不知道所有这些都起源于最仁慈的木星，而这一切皆出于作为万善之源的上帝的安排？我说的是，主神朱庇特在殿下出生时就已经穿过地平线的雾气，占据了上中天位置③并从它高贵的宫殿照亮了您命宫的东角④，从崇高的宝座上俯看了您最幸运的出生，然后把他所有的光辉和宏伟倾注在最纯净的空气中，这样一

---

① 显然，伽利略在这里指的是哥白尼体系。

② 近代以来直到19世纪在英语中习惯用人称代词来指代天体，太阳、水星、火星、木星和土星被称为“他”，而月亮和金星则被称为“她”（根据希腊罗马神话——中译注）。

③ 上中天是黄道与子午线的交叉点。

④ 这里说的是天宫图，是黄道上的点在东边的地平线上升，标志着第一宫的开始。

来，从第一次呼吸开始，您那幼小的身体灵魂（已经由上帝用高贵的饰品装点），从而能够汲取它无处不在的大能和权威。但是，当我可以从所有必要原因中推论和证明之时，我何必再用可能的论证呢？使全能的上帝高兴的是，您高贵的双亲认为我能够承担教导殿下您数学学科的任务，这是我在过去四年的使命，在那些时候这个习惯是更严肃学习之余的休闲。

因此，既然我显然受到神灵感召的影响去侍奉殿下，并从如此近的距离感受到您难以置信的慈悲和仁爱的光芒，难道我的灵魂日夜得殿下之亲炙不也是个奇迹吗？它没有考虑别的，唯一所思量的是我渴望如何表现您的荣耀（这不仅是我个人的愿望，而且我本在您治下出身，本应如此），以表明我对您的万分感激之情。因此，由于最高贵的科西莫大公您的赞助下，我发现了以前所有天文学家都不知道的这些星星，故而我决定以最高的权利将其冠以您尊贵的家族姓氏。因为是我第一次发现了它们，谁也无法否认我有权给它们命名，我要称其为“美第奇之星”（Medicean Stars）①，希望这个称号能为其增加荣耀，正如其他英雄之名也被加诸其他星星。

纪念碑刻在沉默中证明着您高贵祖先们永恒的荣耀②，而您伟大的德行，正如古代英雄就足以将其不朽分与这些星星。的确，无人能质疑您不仅将迎来，而且还会大大超越您美好统治开始时最高

---

① 望远镜打开了天体发现的新篇章。伽利略通过主张自己的发现权，树立了一种趋势，直到 20 世纪其他人仍以不同程度的成功追随这个传统。现在，天体的命名系统是由国际协议规范的，名称通常是由国际天文学联合会的委员会分配的。

② 有关美第奇家族的历史，请参见费迪南德・谢维尔（Ferdinand Schevill）《美第奇家族》（The Medici），（纽约：哈考特布里斯出版社，1949 年；纽约：哈珀出版社，1960 年）；以及 J.R.黑尔（J.R.Hale）《佛罗伦萨和美第奇家族：控制模式》（Florence and the Medici：The Pattern of Control），（伦敦：泰晤士与哈德森出版社，1977 年）。

的期待，所以您不仅会超越其他君主同龄人，还会超越自我，您每天都在超越自我，变得更伟大。

因此，至高无上的大公，请接受星空为您和您家族保留的这项殊荣，并长久地享受这神圣的祝福，因为它实在罕有，不仅来自星星，而且来自星空的创造者和统治者——上帝。

写于帕多瓦，1610 年 3 月月中之日的四天前。①

殿下最忠诚的仆人

伽利略·伽利雷

① 在这样的正式信件中，写信人经常使用罗马习惯来指明一个月里的日子，其中天数从初一、下弦或月中之日开始算起，包括当天在内。月中日是在 3 月、5 月、7 月和 10 月的第十五天，以及其他所有月份的第十三天。因此，3 月月中前的第四天是 3 月 12 日。

在此签名的绅士们，为十人理事会之首领①，接到帕多瓦大学改革办公室②颁发的证明，根据代理此事的绅士也就是来自最受人敬重的宗座裁判所和小心谨慎的参议会秘书乔万尼·马拉维利亚（Giovanni Maraviglia）之报告，得到了帕多瓦大学改革办公室的认证。参议院的乔万尼·马拉维利亚，依照宣誓，认定在伽利略·伽利雷所著题为《星际信使》（*Sidereus Nuncius*）一书中，没有违反天主教的信仰、原则或良好风俗，值得发行，因此允许颁给许可证，准许在本市印刷。

写于1610年3月的第一天

M·安特·瓦拉雷索（M.Ant.Valaresso）
尼可罗·伯恩（Nicolo Bon）
伦纳多·马塞洛（Lunardo Marcello）
} 十人委员会之首脑

最杰出的十人委会之秘书
巴托洛梅乌斯·康米纽斯（Bartholomaeus Cominus）

1610年3月8日，登记于本书第39页

签字　巴普蒂斯塔·贝雷塔（Baptista Breatto）
主管　亵渎教会事务之副主教

---

① 十人委员会最初成立于1310年，是一个负责公共安全的委员会，在1335年成立了常设机构，负责处理所有刑事和道德事务。它还在外交，金融和战争方面行使权力。它的首脑们负责批准印刷书籍的许可证。

② 帕多瓦改革办公室是帕多瓦大学的监督机构。自1517年以来，它由威尼斯参议院的三名成员组成。办公室成员由政府任命，对威尼斯地区的新闻进行审查。他们向十人理事会提出了建议。参见保罗·F.格伦德勒（Paul F. Grendler），《罗马宗教裁判所和威尼斯的出版，1540—1605年》，《现代历史杂志》1975年第47期，第48—65页；转载见《文艺复兴后期意大利和法国的文化与审查》（伦敦：集注出版社，1981年），第9卷。

天文信息

包含并解释了近期的观测，用一架新窥镜获得，关于
月亮表面、银河，以及云状星，关于数不清的恒星，
还有前所未见的四颗行星，并命名为

美第奇之星

在这篇简短论述中，我将提出一些伟大的事物，供每一位大自然探索者进行检测和沉思。伟大，我说的是，因为事物本身的卓越，因为它们的新奇，千古以来闻所未闻，也因为得益于这种仪器才令它们展现在我们眼前。

令迄今为止用自然方式看到的恒星增加无数倍，让我们的眼睛得以看到此前无人得见的数不清的恒星，比那些古老的已知恒星要多十倍以上①，这当然是一件伟大的事情。

对眼睛而言最美妙也最令人愉悦的是仰望月球，它离我们约 60 倍地球直径②，用窥镜看来，它仿佛近到只有 2 倍地球直径，因此与仅仅用裸眼观察时相比，同一个月球看起来直径要大上 30 倍，表面要大上 900 倍，而体积要大上 27 000 倍。③那么，任何人都显

---

① 托勒密在他《天文学大成》的星表中列出了 1022 颗恒星。参见 G.J.图墨(G.J.Toomer),《托勒密的〈天文学大成〉》（伦敦，达克沃斯出版社，1984 年），第 341—399 页。

② 众所周知，月球的距离约为 60 倍地球半径。在《星际信使》手稿以及印刷版本中，伽利略错误地当成了直径，还有他在 1610 年 1 月 7 日的信中所写的也是如此（《伽利略著作集》第 10 卷，第 273、277 页）。因此，这看来不是笔误。参见爱德华·罗森，《伽利略的地月距离》，《伊西斯》1952 年第 43 期，第 344—348 页。

③ 伽利略在这里暗示，在这些观测中他使用了放大三十倍的仪器。在他 1610 年 1 月 7 日的信中，他说他即将完成一架三十倍率的仪器（《伽利略著作集》第 10 卷，第 277 页），但没有证据表明他用这架仪器用得很多。参见德雷克，《伽利略科学传记》，第 147—148 页。

然会意识到，月球表面绝对不是光滑闪亮的，而是高低不平的，就像地球自身的表面一样，到处是巨大的山峰，深深的峡谷，沟壑纵横。

还有，结束关于银河的争论，把它的本质展现在感官和理智之前，这看上去不是无足轻重的。将会令人愉快的和最光荣的是清楚地证明，被称为星云的那些星星的成分，实际上与迄今所有的天文学家所设想的都极其不同。

但是，大大超过了所有的钦佩之情的，也是特别地促使我们向所有的天文学家和哲学家报告的，这就是，我们已经发现了 4 颗游星，在此之前从来没有人知道或者观察到过。像金星和水星围绕太阳①，这些游星按它们的周期绕着一颗著名星星运行，时而在前，时而在后，离开它从未超过特定的限度。几天之前，我使用我在上帝恩典启发下设计出来的一种玻璃器具，发现并观察了它们。

借助相似的仪器，无论是我，还是其他人，过一段时间还会发现更优秀的事物。我在此首先简单地介绍这项发明的形式和构造，以及这项发明的时机，然后我会回顾我进行观测的过程。

关于望远镜的介绍

大约 10 个月前，一则流言传到我们的耳朵里，说某位荷兰人已经造出了一台窥镜②，借助它，即使与观察者的眼睛相去甚远的可见目标，也会立即变得好像尽在眼前一样清晰。关于这个真正奇

---

① 传统的托勒密体系，认为所有行星都在其轨道上绕地球运行。在这个体系的一个著名变体中，可能从古希腊时已经提出，水星和金星是围绕太阳运行的。这就解释了它们从未远离太阳的事实。

② 这里“荷兰人”拉丁原文是 Belga，当时指荷兰人或尼德兰人。见《关于单词 Belgium 的一条注释》，见彼得·盖耶，《17 世纪的尼德兰，第 1 部分，1609—1648》（伦敦：恩斯特·本恩出版社，1961 年），第 260—262 页。

妙作用的评价已经传到了各国，有的对其加以肯定相信，有的则表示了否定。几天之后，来自巴黎的高贵的法国人雅克·巴多维尔的一封信向我证实了这则流言。这终于促使我全身心地投入钻研其原理，找到让我也能发明类似仪器的方法，基于折射科学的基础，我稍后很快就成功了。①

首先，我准备了一根铅管，在其两端我装上了两块玻璃透镜②，它们都是一面是平面，另一面则分别是凸球面和凹球面。然后我把眼睛靠近凹透镜，我满意地看到物体变得又大又近。事实上，与仅用自然视力相比，它们看起来显得近到只有1/3，也就是有9倍大。③后来，我为自己制作了另一架更完美的窥镜，它能把目标显示放大了60多倍。④最后，不惜精力和金钱，我目前取得的进展是，我为自己构造了一架非常优秀的仪器，通过它看到的东西要比我们用自然能力看到的显得大了一千倍，也就是近到三十几分之一。

列举这种仪器在陆地和海上有多少和多大的优势是完全多余的。不过，在忽略了地上目标之后，我让自己投入到了探索天空上。首先我从近距离观察月球，几乎只有两倍地球直径远。接下来，怀着令人难以置信的喜悦，我经常观察星星，那些固定的星星还有游荡的星星⑤，然后当我看到它们数目如此巨大之时，我开始

① 作为一名数学教授，伽利略完全是基于当时的光学理论。在复制这项发明时，当时的光学理论不能给他太多指引。在1623年的《试金者》（The Assayer）一书中，伽利略更详尽地叙述了他通过什么样的步骤发现如何制作他的第一架窥镜的。见斯蒂尔曼·德拉克雷与C.D.奥马雷，《关于1618年彗星的争论》（费城：宾夕法尼亚大学出版社，1960年），第211—213页。

② 这里的拉丁版原文perspicillum显然指的是普通光学透镜。

③ 这是用当时眼镜制造商人店铺里的镜片，所做出来的窥镜能达到的最大放大倍数。

④ 这就是伽利略呈送给威尼斯议会的那架仪器。

⑤ 也就是恒星和行星。

想到，而且最后也发现了，我可以用一种方法来测量它们之间的（角）距离。

在这个事情上，我理应对所有希望进行此类观测的人预先提出警告。因为首先，他们必须准备一架最精确的窥镜，它要能够明亮地、清晰地显示目标，并且没有遮挡导致模糊。其次是它应该能够将目标至少放大四百倍，即显示为拉近到二十分之一的距离。因为如果工具达不到这样的性能，人们会徒劳无功，看不到我们在天空中观察到的、并在后面记下来的所有这些事物。

事实上，为了让任何人都毫不费力地自行确定仪器的放大倍率，可以让他在纸上画两个圆圈或两个正方形，其中一个比另一个大四百倍，这种情况也就是让较大直径是另一个直径长度的二十倍。然后，他要从远处观察固定在同一墙壁上的两张纸，用一只眼睛靠在望远镜后看较小的一张，另一只裸眼直接看较大的一张。使双眼同时张开，可以轻松做到这一点。如果仪器能够根据所需比例放到目标，则两个图形看起来是同样大小的。

在准备好这种仪器之后，就要研究测量距离的方法，这通过以下程序实现。为了便于理解，用 ABCD 代表镜筒，E 代表观察者的眼睛。当镜筒中没有玻璃镜片时，光线沿着直线 ECF 和 EDG 到达目标 FG。但随着放入镜片之后，它们就沿着折射线 ECH 和 EDI 前进。它们确实被挤压在一起，在此之前无镜片时它们指向目标 FG，现在它们只能看到 HI 部分。然后，找到了距离 EH 与线段 HI 的比值，就能从正弦表中找到目标 HI 对眼睛所成角度的大小，进而我们会发现这个角度只有几角分。

如果我们在镜片 CD 上安装上圆片，有些圆片带有较大孔，有些带有较小孔，根据需要在上面有时装上这一片，有时装上那一片，我们可以任意形成或多或少几角分的角度。按这种方式，我们可以很方便地测量彼此相隔几角分的恒星间距，误差小于一或两角分。①

到这里就足够了，虽然我们只是刚刚触及这个问题，而且可以说，只是用嘴唇品尝了它，因为在另一个场合，我们将发表关于这种仪器的完整理论。②现在让我们回顾一下我们在过去两个月里所做的观测，邀请所有真正的哲学爱好者开始真正伟大的思考。

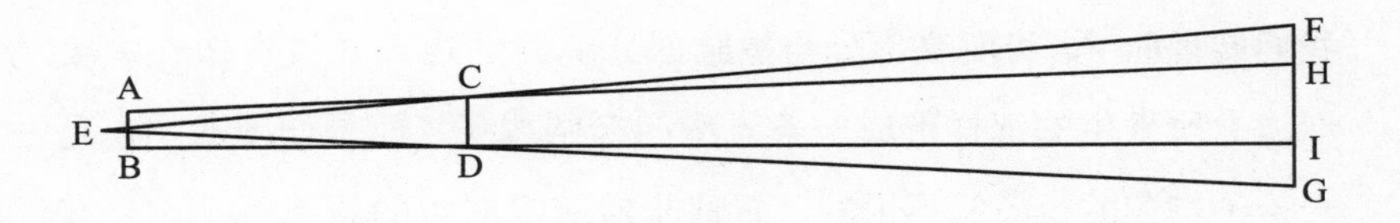

观 测 月 面

让我们首先谈谈月球朝向我们可见的那一面，为了便于理解，我将其分为两部分，即较亮的部分和较暗的部分。较亮的部分似乎围绕并遍及整个半球，但较暗的部分，就像是一些云，弄脏了它这一面，留下了斑斑点点。事实上，这些既暗且相当大的斑块儿对每个人来说都是显而易见的，每个时代的人都看到过它们。出于这个原因，我们将称它们为大的或古老的斑块。与之形成对比的，还有其他一些斑点，后者的尺寸比较小，并且出现频率高到它们布满了整个月面，尤其是较亮的部分。事实上，在我们之前没有人观察过

---

① 事实上，物镜口径大小与这种仪器视场之间的关系要比伽利略在这里暗示的复杂得多，因此把这种形式的望远镜变成测量仪器的所有努力都失败了。见约翰·诺斯：《托马斯·哈利奥特和最初的太阳黑子望远镜观测》，载约翰·W.雪莱编：《托马斯·哈利奥特：一位文艺复兴科学家》（哈佛：克拉伦登出版社，1974年），第129—165页，其中第158—160页。

② 伽利略从来没有发表这样的理论。

这些（较小斑点）。[1]

通过对它们的反复观察，我们得出的结论是，我们司空见惯的月亮表面并不像那众多哲学家们所认为的那样和其他天体同样是光滑的，甚至是完美的球形，恰恰相反，它是高低不平的、粗糙的，到处是坑坑洼洼和隆起。它就像地球自身的面目，随处可见分布的山脉和深谷。推断出这个结果的诸多观测如下所述。

在合朔之后的第四天或第五天[2]，当月亮以闪亮的号角形状向我们展现时[3]，将明亮部分与黑暗部分隔开的边界并没有像在完美球体上所发生的那样形成一条光滑的椭圆线条，而是如图所示，是一条不均匀的、高低不平的，而且非常蜿蜒曲折的线条标记。它有好几处，明亮的突出部分延伸到明暗界线之外，嵌入了黑暗部分；另一方面，也有几处小块的黑暗部分渗透进入了明亮部分。

事实上，还有大量黑色小斑点完全在黑暗部分之外，它们分布于几乎整个已经被太阳光照亮的区域，除此之外，无论如何，明亮区域受到了那些既大且古老的（较暗）斑块的影响。

而且，我们注意到，刚才提到那些小斑点有这样一致的情况，即它们在朝向太阳那一边的是黑色部分，而与太阳方向相反的那部分顶着更明亮的边界，好像被照亮的山脊。在我们地球上我们看到过几乎完全类似的情景，在日出之时，山谷还没有照到日光，但已经可以看到面向太阳的周边山梁被阳光照得闪闪发亮了。就像地球上的山谷阴影随着太阳越爬越高而逐渐缩小一样，月球上的那些小斑点随着明亮部分逐渐扩大，也渐渐地失去了黑影。

---

① 关于托马斯·哈利奥特在1609年8月对月球的望远镜观测，见前文。

② 日月合朔，即看不见月亮之时，此时它被照亮的一面背向地球。如今天文术语称为“新月”。日食也出现在新月之时。

③ 也就是说，月亮呈现为一弯细细的月牙，即蛾眉月。

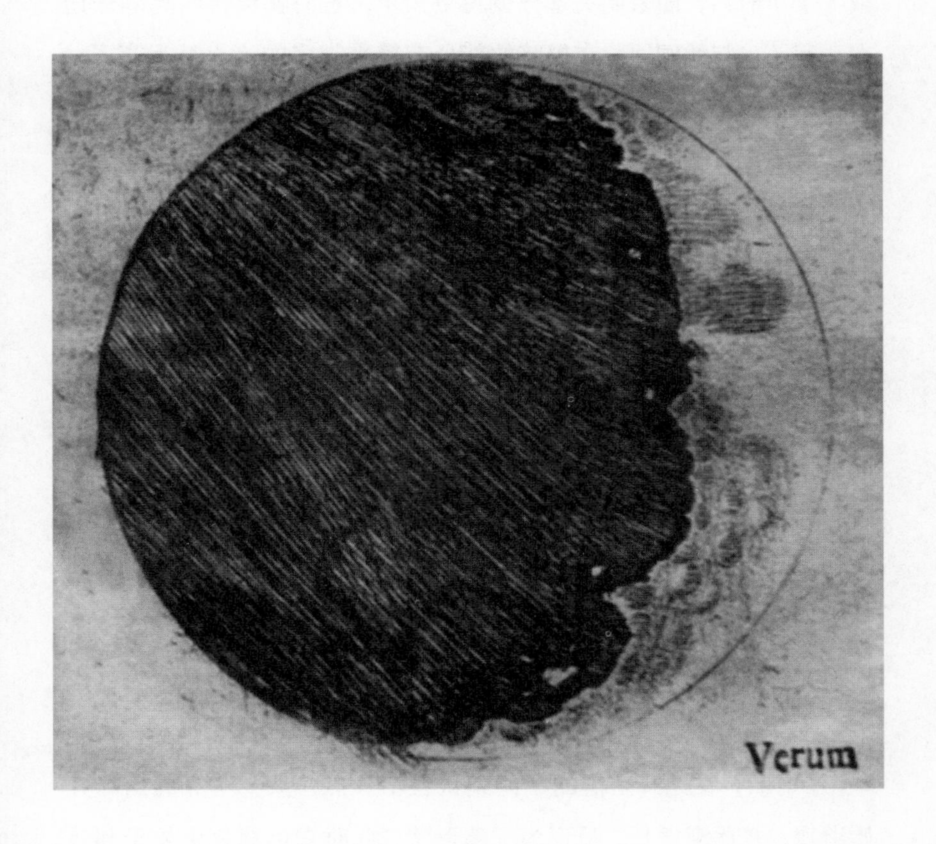
Verum

月球上的明暗界线不仅可以看到是不均匀的、蜿蜒的，而且，更令人惊奇的是，在月球的黑暗部分出现了很多亮点，它们跟被阳光照亮的区域是完全分开的，且有不短的一段距离。渐渐地，经过一小段时间后，这些亮点的大小和亮度都会增加。实际上，经过2或3个小时后，随着明亮部分变得更大了，它们就跟这明亮部分连在一起了。与此同时，在黑暗的部分有越来越多的亮点被点亮了，好像它们正在发芽，长大，然后随着明亮表面朝这个方向进一步扩展，最终与之相连。在上面同一图中显示了这样的一个例子。

现在，在地球上，在日出之前，不是在最高山峰被太阳光照射时，阴影仍然覆盖平原吗？经过一段时间后，光亮不是会增长，直到同一座大山的山腰和更大部分也被照亮了吗？最后，当太阳升起时，平原和山丘的光明不是连在一起吗？ 不过，月球上的凸起和凹地之间的落差似乎大大超过了地球上高低不平的程度，我们将在下面予以证明。

与此同时，当月球快速向着上弦月变化时①，我观察到一些值得注意的事情，我无法保持沉默，它们的样子已经显示在上一幅图中。

在接近弯月的下角②，有一片巨大的黑暗海湾伸进了明亮部分。我一直对它观察了很长时间，我看到它非常黑暗。最后，大约2个小时后，在这片空洞的中间稍微往下一点，某个明亮的山峰开始出现，并逐渐增长，呈现为三角形状，此时它仍然完全处于和月

---

① 当月球或行星与太阳之间的角度成90度时天文学家称之为“（东/西）方照”。新月之后月球的东方照也叫“上弦月”。

② 在现代月球地图上，也是从不久前开始，这里显示为上角。因为伽利略的望远镜显示的是横向图（右侧居上），现代仪器显示的是倒转图（上下颠倒），出于这个原因，现代月球地图是按照倒转方位绘制的。不过，要注意的是，随着航天器开始发回横向行星图，越来越多的月球图已经不再是颠倒的了。

面明亮的部分相间隔与分离的状态。就在此时，在它周围又有其他三个小点开始闪亮，随着（当天）月亮快要落下，这个不断放大的三角形又变得更大了，还与另外的明亮部分连接在一起，就像一个巨大的海岬，它现在就好像从明亮部分凸出，伸进了黑暗海湾，刚才提到过的三个亮峰分布在它的周围。此外，在同一幅图中可以看到，在上下两个尖角处，还出现了与其余明亮部分完全分开的一些亮点。

还有，在两个尖角处也都有大量的暗斑，特别是在下方的那个。其中，那些靠近明暗界线的暗斑看起来更大也更暗，而那些离得较远的暗斑看起来没有那么黑，颜色比较淡。但正如我们上面提到的那样，一个斑点的黑暗部分总是位于朝向太阳的方向，环绕着暗斑的较明亮边界位于与太阳方向相反并且面向月球的黑暗部分。

这个月球表面，看起来就像装饰着深蓝色眼睛一样的孔雀尾巴，产生的方式类似那些在温热时抛入冰水里的小型玻璃容器，它们会产生裂纹并形成波状表面，经此之后它们变成了俗称的冰纹玻璃。不过，月亮上那些大型（而且古老）的斑块儿以类似的方式裂开时，看起来并没有到处形成凹陷和凸起，而是变得均匀一致，只是偶然散落着一些较明亮的小块区域。

因此，如果任何人想复兴毕达哥拉斯学派的古老观点，即月亮就像是另一个地球，它的较亮部分代表陆地，而较暗部分则更像是代表水面。①实际上，对我来说这是毫无疑问的，当从远处观察到沐浴在阳光下的地球时，陆地表面将显得更加明亮，水面显得

① 开普勒关于这方面的讨论，请参见下文。

更暗。

此外，在月球上大的斑块看来相比于较亮区域地势更低，因为无论盈亏之时，在明亮部分和黑暗部分之间的明暗界线上，在这些大斑块周围总是散落着凸起之处，就挨着旁边更明亮部分，正如我们已经图中着力展示过的；并且上述斑块的边缘不仅较低，而且更均匀，没有因皱褶或高低不平而破裂。实际上，较亮部分要比附近的古老斑块高出许多，因此在上弦月和下弦月之前，在月亮的上部即北方，某个斑块周围会出现一些巨大的投影，如下列各图所示。

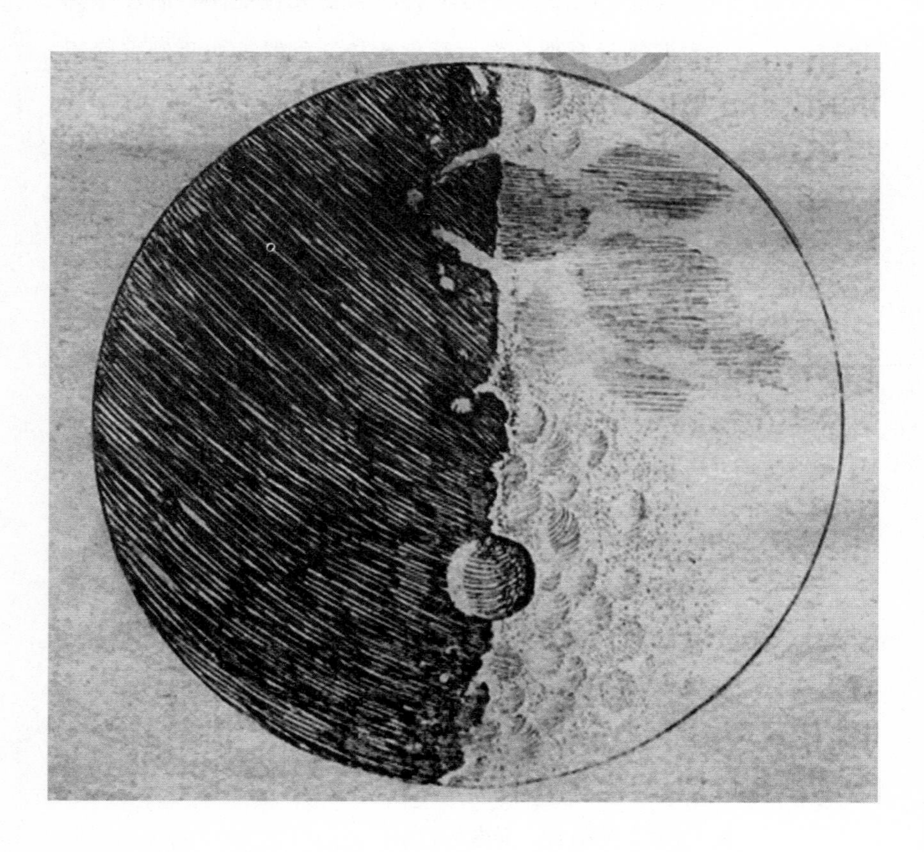

在下弦月之前，可以看到同一个斑点被一些较暗的边缘围住，这些边缘就像背向太阳的极高山脉的山脊一样，看起来比较黑；面向太阳那些地方则比较亮。相反的情况发生在山谷中，其与太阳方向相反的部分看起来更亮，而靠近太阳的部分则是黑暗有阴影的。然后，当月球表面明亮的部分变小时，一旦几乎整个斑点被黑暗覆盖，更明亮的山脊就会从黑暗中高高升起。下列各图清楚地展示了这种明暗双重变化。

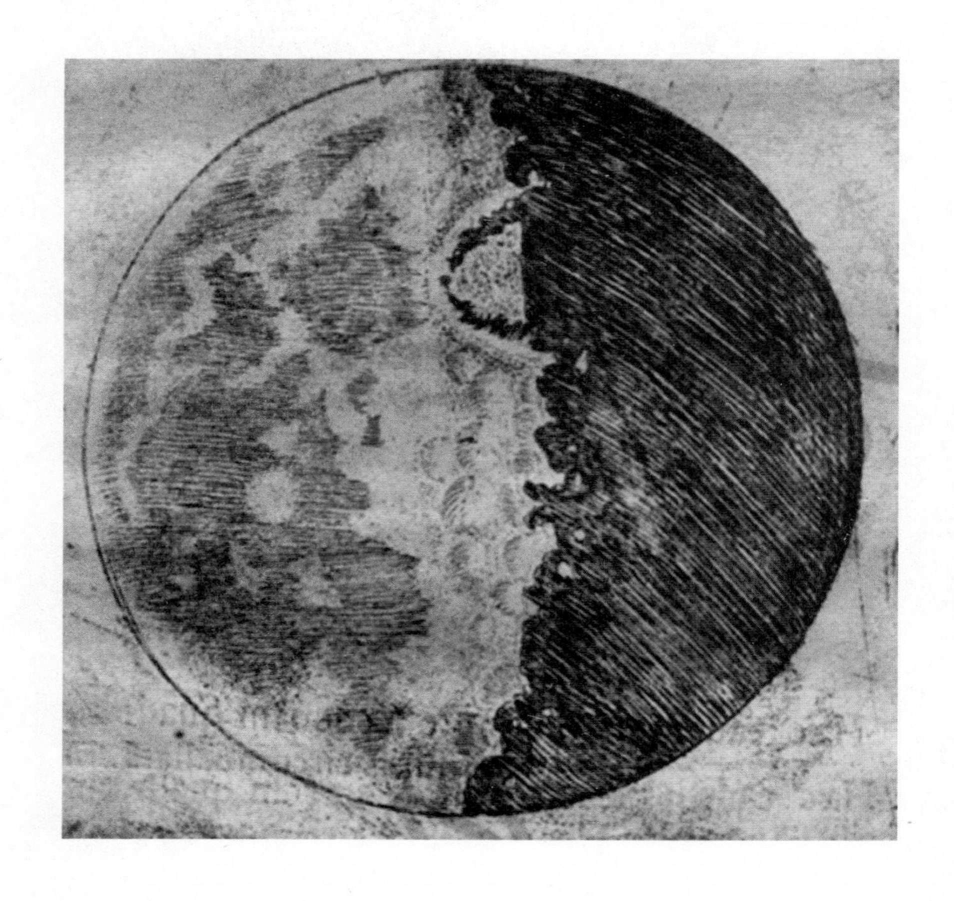

我还注意到一件事不能不表示惊奇，因而我不会遗漏于此。月球中央周围的区域被一个更大的空洞占据，它不但比所有其他空洞都要大，而且是一个完美圆形。①我在上下弦月前后都观察了这里，我在上面的第二幅图中尽可能地描绘了它。如果它各个方向都被非常高的山脉包围，周边坐落形成完美的圆形，那么它这个区域出现的光影变化这方面的情况，便会如同地球上波希米亚出现的情况。因为它在月球上，又被如此之高的山脉包围，所以当它位于月球黑暗部分的边界之时，在明暗界线到达该圆形直径的中央之前，可以观察到它的周边都沐浴在阳光下。

但是跟其他斑点的表现一样，它的阴影部分是靠近太阳，而它的明亮部分位于月球黑暗部分那个方向，我不厌其烦地第三次提出，这可以成为整个月球表面较亮区域存在高低不平不均匀地貌的一个非常有力的证据。月面上那些较黑的各斑点总是那些位于在明暗界线上的那些，而更远的那些斑点则显得较小而且没那么黑。所以最终当月亮处于“冲”位即满月时，凹陷黑暗处与突起明亮处只有程度很小的区别。

我们刚才回顾的这些情况都是在月亮较亮区域观察到的。然而，对于那些大斑点，凹陷和凸起之间的这种差异看起来并不相同，因为考虑到斑点形状变化是由于太阳光线的照射变化引起的，而阳光照射月球有许多角度，我们不得已在较亮区域得出上述结论。

正如我们在前面各图所示，在那些大斑点里有一些黑暗的区域，可它们总是具有相同的外观，而且它们的黑暗程度不会增加或

---

① 伽利略的目的不是制作精确月球地图，而是要说明其类似地球的本质。因此，通常很难认出来他这些绘图上的月面地貌。以这个明显夸张的“空洞”为例，最接近的猜测是它代表了巴塔尼环形山（Carter Albategnius）。

减弱。更确切地说，随着太阳光线倾斜地或多或少落在它们上面的时候，它们看起来也稍微有一点儿差异，有时略暗一点儿，有时略亮一点儿。另外，它们与斑点中附近各部分连接过渡也非常缓和，它们的边界相互混为一体。

然而，占据了月球较亮区域的那些斑点上，发生的情况截然不同，就像散布着高低不平、锯齿状岩石的陡峭悬崖，光影被一条线清晰地分开。而且，在那些更大的斑点里，可以看到某些更明亮的区域——实际上，有些区域非常亮。但是这些斑点和那些较暗的表现总是一样的，没有形状、亮度或阴影的变化。因此可以确信无疑地知道，它们如此表现是由于各部分确实不同，不仅仅因为它们各部分的形状不一样，而且因为太阳照射变化而导致阴影移动发生了变化。对于占据了月球上较亮区域的其他那些较小的斑点，光照产生的这种变化确实美妙；它们日复一日地发生改变，增加、减少和消失无踪，因为它们仅源于高处凸起的阴影。

对于月面现象的猜测

但我觉得许多人仍对这件事持有极大的怀疑，并且被严重的困难所困扰，以至于他们依然怀疑经由被如此多现象解释过、证实过的上述结论。因为月球表面更明亮地反射太阳光线的那部分，如果布满了无数的褶皱，即高低不平，那么为什么在月亮渐盈过程中西方的月牙，渐亏过程中东方的月牙，以及在满月时，整个周边都看不到不均匀、高低不平和蜿蜒不齐的形状，而是整齐的圆形、环形，并没有凸出和凹陷的锯齿状？

而且特别是因为整个边缘都是由较亮的月球物质构成的，我们已经说过，它完全是坑坑洼洼的，被凹陷覆盖，因为没有大的（古老）斑点分布边缘处，而看到的所有斑点都集结在远离周边的位置。由于这些现象提供了支持这类严重怀疑的机会，我将为之提出双重理由，因此对这一怀疑给予双重解释。

首先，如果月球上的凸起和凹陷仅仅沿着我们所看到的半球圆形边缘这一圈分布的话，那么月球确实可以、而且也必须显示出其本来的齿轮状，也就是凹凸不平的蜿蜒轮廓。然而，如果那里并不是只沿着一条圆周分布着这一串突出物的链条，而是有很多列山脉，它们的缝隙和起伏分布在月球的外圈——并且这些不仅存在于我们可见的半球，而且存在于背着我们的那一面（也就是在两半球之间的边界附近）——那么，从远处观察的眼睛，绝不能察觉到那些凸起和凹陷之间的区别。因为分布在同一圈或同一链条上高山之间的间隙，由于一排又一排别的凸起相互遮挡，特别是如果观察者的视角与那些凸起的顶峰处于同一条线上的话。

因此，在地球上，许多山脉的脊部靠在一起看起来好像处于同一平面上，如果观察者离得很远，而且位于相同高度的话。在波涛汹涌的大海中（也是如此），波浪高高的尖端似乎铺展在同一平面上，即使在波浪之间有很多波谷和深渊，它们太深了，不仅船的龙骨而且上层甲板、桅杆和高大的船帆均隐藏不见了。

因此，由于月球本身及其周边有复杂的凸起和凹陷分布，从远处观察的眼睛与它们的山峰位于同一平面上，所以没有人会感到惊讶，当视觉光线掠过它们，它们显示为一条平坦而不是波浪形的线。①

在这个原因之上，还可以补充另一个，即就像在地球周围一样，

① 虽然伽利略的论证很有说服力，但是连续的山脉分布并没有使月亮的轮廓完美光滑。使用现代仪器，可以很容易地观察到仍然存在不均匀性。

月球体周围有一个包层，是比以太更致密的物质，它能够接收和反射太阳光线，尽管不是那么严重的不透明，但它还是可以抑制视线的通过（特别是当它没有被照亮的时候）。被太阳光照射的那一包层球体显示为、且在下图中用比月球体更大一个球形来代表，而且如果它更厚一些，它足以阻碍我们的视线使之到达不了月球的实际本身。它在月亮周边确实更厚；不是我刚说的那种绝对更厚，而是当我们的（视）线倾斜地与之交叉时会显得更厚。因此它可以阻碍我们的视域，特别是当它发亮的时候，会把暴露在太阳之下的月球周边隐藏起来。

在下图中清楚地看到了这一点，其中月球体 ABC 被烟雾球层 DEG 包围。F 处的眼睛视线到达 A 处的月球中央时，通过了较浅的烟雾 DA；如果视线要到达极端边缘部分，大量更浓的烟雾 EB 会阻挡我们的视线，从而看不到其边界。这表明，沐浴在阳光下的月亮部分周长要比另外的暗球看起来更大。并且有人可能会发现这个原因能合理地解释为什么月亮的较大斑点无法延伸到外边缘，尽管可以预期在那附近也会发现一些斑点。那么，看来有可能，它们看起来不显眼是因为它们隐藏在更浓也更亮的烟雾中。①

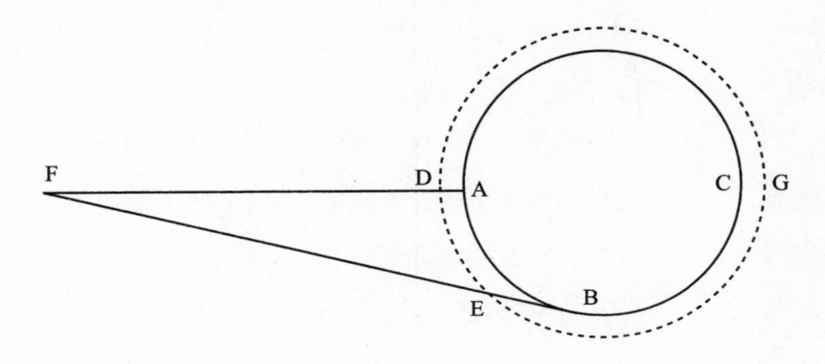

① 这一论点后来被伽利略放弃了：在他 1632 年《关于两大世界系统的对话》中看不到它，在那个对话中他非常详细地描述了月球的外观。

月球上的山脉比地球上的山更高

从已经解释过的现象来看，我认为月球表面较亮部分遍布凸起和凹陷是非常清楚的了。我们还可以谈及它们的大小，证明地球上高低不平的程度远远小于月球上的情况。我说的更小，是说绝对情况，不仅是就二者之球体大小的比例而言。我们以下面的方法清楚地证明这一点。

正如我经常观察到的那样，随着月亮以不同方位对着太阳，月亮黑暗部分的一些山峰值已然沉浸在阳光之中了，尽管它们距离明暗界线还很远。比较它们与该界线的距离和整个月球直径，我发现这个间隔有时会超过直径的二十分之一。假设如此，想象一下月球体，它的大圆是 CAF，其中心是 E，直径是 CF，它与地球直径之比是 2 : 7。而且根据最精确的观察，地球直径既然是 7 000 意大利里[1]，

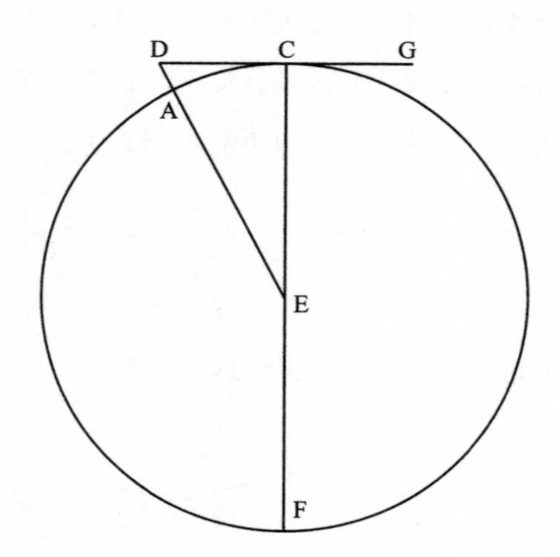

① 伽利略在这里使用简化的数字和分数。自古代以来，已知的地球和月球直径就达到了惊人的精确度。参见 A · 范海登，《测量宇宙》，第 4—27 页。

那么 CF 就是 2 000 意大利里，CE 为 1 000 意大利里，而整个 CF 的二十分之一将是 100 意大利里。

现在以 CF 为将月球明亮与黑暗半球分开的大圆的直径（因为太阳与月亮的距离非常大，这个圆圈与大圆没有明显区别），设 A 点到 C 点的距离为其二十分之一。画出半径 EA，将其延伸与 GCD（代表一条光线）相交于 D 点。因此，弧 CA 或直线 CD 将是由 CE 表示的 1 000 份中的100 份，因而 CD 和 CE 的平方和是 1 010 000，它等于 ED 的平方。因此 ED 整段长度将大于 1 004，①也就是 AD 大于 CE 所代表 1 000 份中的4 份。因此，月球上的高度 AD，它代表那些高于太阳光线 GCD 且离开界线 C 的距离为 CD 的那些山峰高度大于 4 意大利里。②但在地球上，还不存在垂直高度达到 1 意大利里的山脉。③因此这是月球凸起要高于地球山脉的证据。

解释月面灰光现象

在这里，我想解释一下另一个值得注意的月球现象的原因。这种现象并不是我们最近才观察到的，而很多年前人们就看到了。我们向一些亲密的朋友和学生展示过、解释过，并给出了因果证明。但是，由于在望远镜的帮助下观察它变得更容易和更明显，我认为在这里重复并不是不合适的，尤其是这样可能更清楚地显示月球和

① 1 010 000 更准确的平方根是 1 005，这更加强了伽利略的论证。

② 严格来说，并没有“意大利里”这个单位。佛罗伦萨、威尼斯和罗马用的“里”与现代英里差别小于 10%。

③ 用几何学方法测定山脉高度的尝试始于古希腊。最初的估算通常是 1 英里量级。后来猜测变化很大，伽利略所依据的显然是早期来源。见弗罗莲・卡介（Florian Cajori），《确定山脉高度的历史》，《伊西斯》1929 年第 12 期，第 482—514 页；同见 C.W.亚当（C.W.Adam），《关于伽利略确定月球山脉高度的一条注意事项》，《伊西斯》1932 年第 17 期，第 427—429 页。

地球之间的关系和相似性。

在合朔之前和之后，①都能看到月亮距离太阳不远，我们能看到的不仅仅月球被照亮的形如闪亮号角的部分，而且还能看到一圈细细的、暗淡的轮廓勾勒出月面黑暗部分的圆周（也就是背朝太阳的那部分），并将其与以太本身更暗的区域分开。但是，如果我们更仔细地研究这个问题，我们不仅会看到黑暗部分的最边缘闪烁着微弱的亮度，而且会看到整个月亮表面——那部分，即尚未感受到太阳光照的那部分——被一些不可忽视的光线涂上了一点儿白色。②

然而，乍一看，由于与它挨着的天空比较黑，仅一条细长圆周显得光亮，可相反的是，月面的其余部分看起来要更黑，因为近处闪亮的月牙使我们的视线变暗了。但是，如果你为自己选择一个地方，以便那明亮的月牙被屋顶或烟囱，或视线和月亮之间的另一个（离眼睛很远的）障碍物遮挡起来，月球的剩余部分就暴露在我们的视野之中，然后你会发现月亮的这个区域虽然没有被阳光照射，但也会发出相当大的光芒，特别是因为已经没有太阳因而夜晚越来越冷的时候。同样的光相对于更黑的背景看起来就更亮了。

此外，还可以确定的是，月亮离太阳越近，月亮的次级亮度（我如此称呼它）越高，因为月亮离太阳越远，它就削弱得越快。因此在上弦月之后，以及在下弦月之前，你会发现它变得很微弱，几不可见。即使它是在更黑暗的天空中被看到的，在六分相③和更小距角处，虽然在暮色或晨曦之中，但是它以一种奇妙的方式在发

---

① 日月合朔即太阳和月亮看起来距离最近的时刻。之前是凌晨可见的残月，之后是刚入夜时可见的蛾眉月，如前文伽利略绘制的第一幅月面图所示。

② 这种现象被称为月亮的流明（lumen cinereum）或“灰光”。它现在被称为地照。

③ 也就是说，当太阳和月亮之间分开的角度是60度。

光。事实上，它太亮了，以至于借助于精密望远镜，可以在月亮上区分出大的斑点。

这种奇妙的亮度引起了那些将自己献身于哲学的人们不小的惊讶，他们提出了这样或那样的理由，试图解释它的原因。有人认为这是月亮内在的自然亮度①；还有人认为是金星，或所有恒星赋予了月亮灰光②；而其他人则说它是由太阳赋予的，太阳用光线穿透月球的大量未知成分。③但是这些创意不难被驳斥，并被证明是错误的。因为如果这种光是从月亮本身或从群星聚集而来，月面会一直维持这样，特别是在月食之时月球正处于非常黑暗的天空中。然而，经验并没有证明这一点，因为月食期间出现在月球上的光线要弱得多，略带红色，然后几乎是古铜色④，与此同时月面灰光显得更明亮更白。

在月食期间出现的灰光，还是可变的和可移动的，因为它在月球表面上游荡时，更接近地球阴影圆面边缘的部分总是看得更亮而其余部分更暗。从这一点我们可以完全确定地知道，这种光的产生是因为入射的太阳光线落在了环绕月球四周的一些更致密区域。由于这种接触，一些晨昏光线会散布在月球周遭，就像地球上的晨光

① 比如，莱因霍尔德·伊拉斯谟，见他编辑的佩尔巴赫的《行星新理论》（威登堡，1553 年），第 164—165 页，也见《开普勒著作集》第 2 卷，第 221—222 页。

② 这是第谷·布拉赫的观点，见他的《新编天文学初阶》（Astronomiae lnstauratae Progymnasmata），1602 年，此书由开普勒编成。参见《开普勒著作集》第 2 卷，第 223 页;以及罗森《开普勒的〈对话〉》，第 119—120 页。

③ 维泰洛（Vitello），《透视学》（Perspectiva），第 4 卷，第 77 页。参见《光学词典》（Opticae Thesaurus），编者弗里德里希·里斯纳（Friedrich Risner），（巴塞尔，1572；再版，纽约：约翰逊出版公司，1972），《维泰洛的〈光学〉》，第 151 页。

④ 月食期间月亮的微红色现在归因于地球大气层对太阳光的折射。掠过地球的阳光被折射并略微照亮了月球。但是在穿过地球大气层的过程中，光谱蓝端的波长是散射的，因此只有光谱红端附近的波长才能通过。同样的吸收机制使太阳在日出和日落时呈现红色。

和暮色一样。我们将在一本关于世界体系的书中用更大篇幅来处理这个问题。①

宣称金星传递这种光的另一种观点是如此幼稚，以至于不值得回应。因为那些无知之人竟不知道，从日月合朔到六分相之间，月亮这部分一直朝向太阳，是不可能从金星方向看到的？但关于这种光是由太阳引起的，即太阳光线穿透并充满了月球固体的说法是同样不值得考虑的。因为阳光永远不会减少，除了月食期间之外，月球总有一半被太阳照耀。可是当月亮向上弦月快速变化时，灰光会减弱，而当月亮过了上弦月之后时，灰光会完全变暗。

因此，由于这种次级光不是月亮内在和固有的光，并且既不是从任何星星也不是从太阳借来的，因为在浩瀚世界之中，除了地球之外没有其他天体，我要问我们会想到什么？我们所能提出的就是——月亮本身或其他一些黑暗阴沉天体正沐浴在来自地球的光下？但这里令人惊讶的是什么呢？地球在最深沉的黑夜时一直接收到来自月亮的光，此时地球以平等和感激的方式，把光线又偿还给了月亮。

让我们更清楚地说明这个问题。在合朔时，月亮占据了太阳与地球之间某处，月球的上半球即远离地球的一面沐浴在太阳光下。但是，它朝向地球的下半球被黑暗覆盖，因此无法照亮地球表面。

随着月亮逐渐远离太阳，朝向我们的下半球某些部分很快被照亮，它变成了像是白色但很细长的尖角，稍微照亮了地球。当月亮趋近方照时，月亮被照亮的部分变大，它反射到地球上的光也增加了。随后月面亮区进一步延伸，超出了半圆形，月光照亮了我们清

① 见《关于两大世界体系的对话》，第67—99页。

澈的夜晚。最后，整个月面都被来自在地球上看来与之相对的太阳的明亮光芒照亮，在月光的辉映之下，地球表面各处也闪闪发亮。

之后，当月亮渐亏之时，它向我们射出光线也渐渐变弱，地球也随之变暗；随着再次趋向合朔，暗夜降临了地球。就这样，按这个不断更替的顺序，月光每月都把光亮投向我们，有时更亮一些，有时更暗一点儿。不过，地球也以同样的方式回报了这种恩赐，因为在合朔前后，我们会看到月亮在太阳附近，她面对地球那一半的整个表面都暴露在阳光下并被强烈的光线照射，从而月面会接收到地球的反光。

因此，由于这种反光，月球的下半球虽然没有阳光照射，但却显得相当明亮。当月球从太阳移开一个象限时，她只能看到地球被照亮半球的一半，即西边半球，而另一半，东边半部，处于黑夜。因此，投射到月亮的地球反光不是那么明亮了，因此月面的次级光在我们看来就更加微弱了。因为如果你将月球置于与太阳相对的“冲”位，她将面对中间地球完全黑暗的半球，这个半球沉浸在夜晚的阴影中。

所以如果某次“冲”位正好是日食，那么月面既被剥夺了阳光，也被剥夺了地球反光，将完全接收不到光照。在月亮处于相对太阳和地球的各个方向时，月面能接收到地球反光是多还是少，取决于它面对的地球半球被照亮面积是大还是小。因为这两个球体在这些时刻的相对位置总是如此，当地球被月球照亮最多时，月球被地球照射最少，反之亦然。

关于这个事儿，再补充几句就好了。我们将在我们的《世界体系》中谈到更多，其中有很多论述和实验，向那些声称地球因为没有运动也没有光亮从而被排除在星球舞蹈之外的人们，证明地球会强烈反射太阳光。因为我们将证明它是运动的，并且在亮度上超过了月亮，因此它不是宇宙中污秽的垃圾堆和渣滓，我们将通过来自大自然的无数理由来证实这一点。①

对恒星的观测和讨论

到目前为止，我们已经讨论了对月球体进行的观察。我们现在将简要报告迄今为止我们观察到的关于恒星的情况。首先，值得注意的是，当用望远镜观察它们时，星星，无论是恒星还是行星，它们的大小②看起来都不会像其他物体，还有月亮那样的比例被放大。对于星星③，大小增加看起来要小得多，这样你就可以相信能够把其他物体放大 100 倍的望远镜，无法把行星放大到 4 倍或 5 倍。

这个现象的原因是，当用裸眼观察星星时，它们并不是按照它们简单的，或者说裸露的大小显示自己，而是被一定的亮度包围，还被闪烁的光芒环绕，特别是在夜色越来越深的时候。因此，它们看起来要比剥去这些外来光线之后大得多，因为决定视角大小的不是由恒星的主体，而是星体周围更大的光彩决定的。这样说你可能会更清楚地了解这一点：

在日落时暮色初现冒出来的那些星星，尽管它们都是一等星，看起来也非常小。至于更亮的金星，当它在大白天呈现我们视野里时④，

① 见《关于两大世界体系的对话》，第 67—99 页。

② 对恒星和行星视直径的第一次估计是在古代进行的。那些估计值都太大了，但托勒密的所有继承人都忠实地遵循这些估计，直到望远镜证明它们有误。参见 A·范海登《测量宇宙》(Measuring the Universe)。

③ 也就是说，恒星和行星。

④ 拉丁语是 circa meridiem，即“中午前后”。只有在极少数情况下，当金星处于大距即距离太阳最远的位置（大约 45 度），因而最亮且观测条件非常好时，视力敏锐的观察者能够准确地知道在哪里看到金星，才能在中午前后用裸眼看到。然而，这种情况并不常见，伽利略更有可能指的是在日出之后或日落之前一小时左右的时候。

看上去如此之小以至于她看上去还不如六等的小星星。对于其他物体和月球本身而言，情况就不一样了，无论是在中午还是在夜晚观察，在我们看起来总是同样大小。

因此，在黑夜中看到的星星是“带有毛发的”，但是日光可以剪掉它们的毛发——不仅是日光，位于星星和观测者之间的薄云也能。黑色面纱和彩色玻璃也可以达到同样的效果，通过对比和干涉，周围的光亮将星星剥离出来。望远镜也以同样方式做了同样的事情：首先它消除了星星借来的和偶然产生的亮度，然后它放大了它们单纯的球体（如果它们的形状确实是球形的），故而它们看起来被放大的比例要小得多，对于五等或六等星，通过望远镜看起来显示为一等星。①

行星和恒星外观之间的差异看来也值得注意。因为行星呈现完全光滑和完美圆形的球体，看起来像完全被光线覆盖的小月亮；而恒星看起来不会拘于圆形轮廓，而是具有某种光芒，闪闪发亮。②用望远镜观测时，它们看起来和以自然视力中观察时的形状相同，但是要大得多，以至于五等或六等的小星星看起来相当于所有恒星里最大的狗星。③

事实上，你可以通过望远镜探测到亮度为六等以下的恒星，令人难以置信的是，竟然有如此一大群恒星是以自然视力看不到的，因为你可能会看到再接下来的六个星等的恒星。其中最大的一级，我们可以指定为七等，或者看不见恒星里的一等星，在望远镜的帮

---

① 关于伽利略在这里的观点，参见哈罗德 · I.布朗（Harold I. Brown），《伽利略论望远镜和眼睛》，《思想史杂志》1985 年第 46 期，第 487—501 页。

② 到此时为止，恒星和行星之间唯一可观察到的差异在于它们的运动方式以及前者闪烁而后者不闪烁的事实。

③ 狗星就是天狼星（Sirius）。

助下，它们比在自然视力下看到的二等星看起来要更大也更亮。①

但是为了让你可以看到它们几乎不可思议的星群的一两幅插图，才能从这个例子判断其余的情形，我决定重绘两个星群。最初我决定描绘出整个猎户座，但由于星星数量太多而时间不足，我把这项尝试推迟，另择时机。②因为在过去那些恒星周围有超过五百颗新的恒星，分布在一到两度的空间内。出于这个原因，在很久以前观察到的猎户座腰带三星和它宝剑③上的六颗星之外，我增加了最新发现的其他 80 颗星。我尽可能保持它们彼此距离准确。为了区分起见，我们把已知的即古代恒星描绘得更大，并且用双线勾勒出来，而其他不显眼的恒星画得较小，并且用单线勾勒。我们也尽可能地保持了它们大小的区别。

---

① 这些数字表现出了一个问题。星等差异为 5 等表明收集到的光量相差 100 倍，或望远镜口径增加 10 倍。眼睛聚集的光取决于瞳孔的孔径，而适应了黑暗的瞳孔直径约为 1/3 英寸。这意味着伽利略的望远镜口径超过 3 英寸，而我们知道实际情况并非如此。他的仪器的孔径止于 1 英寸或更小。因此，我们只能得出结论，当伽利略作出这个估计时，他的瞳孔还没有适应黑暗，因此要远小于 1/3 英寸。

② 伽利略著作中没有任何内容表明他曾描绘过整个星座图。

③ 伽利略并没有在猎户座的剑中展绘出猎户座大星云，那是一个裸眼可见的天体。在托勒密和哥白尼星表里，它标记为一颗恒星，没有取得“云雾状”的资格。由于这个原因，有人认为这个星云在历史上曾发生了变化。 参见托马斯·G.哈里森（Thomas G. Harrison），《猎户座大星云：历史上它在哪里？》（*The Orion Nebula：Where in History is it?*），《皇家天文学会季刊》1984 年第 25 期，第 65—79 页。关于这一观点的评论，参见欧文·金格里奇，《神秘的星云，1610—1924》（*The Mysterious Nebulae，1610—1924*），《加拿大皇家天文学会杂志》1987 年第 81 期，第 113—127 页。佩雷斯克（Peiresc）于 1611 年首次观察到这个星云。 见皮埃尔·亨伯特（Pierre Humbert），《非业余爱好者：佩雷斯克，1580—1637》，（巴黎：Desclee，de Brouwer 出版社，1933 年），第 42 页；以及 西摩尔·L.查宾（Seymour L.Chapin），《尼古拉斯·克劳德·法布里·佩雷斯克的天文活动》（*The Astronomical Activities of Nicolas Claude Fabri de Peiresc*），《伊西斯》1957 年第 48 期，第 19—20 页。请注意包含星图结构的描述是在很晚的阶段添加的，因为包含它们的四个页面是添加在第 16ᵛ 和 17ʳ 页之间，并且是未编号的。我们可能会猜测伽利略没有描述对这个星云，是因为确信可以用更强大的仪器把它分解成单个恒星，同时也不希望破坏他的论述。

猎户座腰带和宝剑附近的星群
(Asterism of the belt and sword of Orion)

昴星团
(Constellation of the Pleiades)

在第二个例子中，我们描绘了牛座[①]里被称为昴星团的六颗星（我说六颗，因为第七颗几乎从未出现过）[②]，它们分布在天上非常狭窄的范围内。在它们旁边有其他四十多颗看不见的星星，没有一颗离开前面提到的六星超过区区半度。我们只记下了其中的 36 颗，保留了它们的相互距离、大小以及新旧之别，就像猎户座星图那样。

对银河系的观测和讨论

我们观测的下一处是银河系本身的性质或物质，在望远镜的帮助下，良好的观察可以用可见的确定性平息那些困扰许多代哲学家们的争论，把我们从冗长的辩论中解放出来。[③]因为银河只不过是成群分布的无数星星的集合体。无论你把你的望远镜指向哪个区域，都立即会有大量的星星现身，其中很多看起来相当大，而且非常引人注目，但还有大量的小星星真的多到不可胜数。

而且，由于那种像白云一般的乳白色的光亮，不仅能在银河系中看到，而且散布在以太中，类似的还有许多彩色光斑闪烁着微光；如果你将望远镜指向其中任何一个，你将会见到密集的一群星星。此外——更令人瞩目的是——直到今日每个天文学家一直称为“云状星”的，其实是格外紧密聚拢在一起的小星星集群。[④]虽然

① 即金牛座。

② 昴星团是由数千颗恒星组成的一个疏散星团，也叫七姐妹星团，距地球约 400 光年。它有六颗恒星亮度超过五等，总共有九颗恒星亮度超过六等。因此，裸眼观察者可以看到六颗或九颗星（有时甚至更多），这取决于他们的视力，但从未显示为七颗。

③ 关于银河系的前伽利略概念的综述，参见斯坦利·L.杰奇（Stanley L. Jaki），《银河：科学的天路》（The Milky Way：*Elusive Road for Science*），（纽约：科学史出版社；牛顿·阿伯特：大卫和查理出版社，1973 年），第 1—101 页。

④ 托勒密星表录中列出的六颗“云状星”，以及哥白尼列出的五颗，实际上都可以被解析为恒星。而且事实证明，宇宙中存在星云物质。然而，直到 19 世纪下半叶光谱仪出现之后，这个问题才得以解决。

过去它们都因为个头很小或与我们的距离很远而无法看到，但是它们的光线汇集产生的亮度，此前却被归结为天上一块较密集部分能够反射星星或太阳光。①我们已经观察了其中的一些，我们希望描绘出其中两个星群。

在一个名为猎户座头部的星云里，我们在其中数出了21颗星。②

第二张图包含所谓的“马槽星云”，它不是一颗恒星，而是超过四十颗小星星的集合。除了南北两颗“驴驹星”外，我们还记下了36颗恒星，排列形状如下③：

发现木星的四颗卫星

1610年1月的观测记录

到目前为止，我们已经简要解释了我们对月球、恒星和银河的观测。接下来我们要揭示、要了解的是在当下最重要的事情：从世界开始到今天从未发现过的四颗行星，关于它们被发现和观测的时刻、它们的位置，以及在过去2个月④对它们的行为和变化所做的观测。我呼吁所有天文学家致力于研究和确定它们的周期。由于时

---

① 这个概念最早是由大阿尔伯特（Albertus Magnus）在13世纪提出的；见杰奇，《银河》第41页。这是克里斯托弗·克拉维乌斯（Clavius，1537—1612）在他颇具影响力的《萨库博斯科〈天球论〉的评论》（Commentary on the Sphere of Sacrobosco）（1570年）中给出的解释，此书在伽利略一生中数次再版。见《萨库博斯科天文学评论》（In Sphaeram Ioannis de Sacrobosco Commentarius），（罗马，1570年），第376—377页。

② 这是恒星猎户座附近的区域。伽利略选择这个区域无疑是因为它在托勒密星表中列为“云状星”。参见托勒密《至大论》，编者G.J.图默（伦敦：达克沃思，1984年），第382页。

③ 这里描绘的两个大恒星是巨蟹座，古代名为Aselli，即“驴驹”。它们之间的云状区域是NGC 2632即M44，也叫做鬼宿星团、马槽星云或蜂巢星云。托勒密将其列为云状。参见托勒密《至大论》，366页。

④ 1610年1月7日到3月2日。

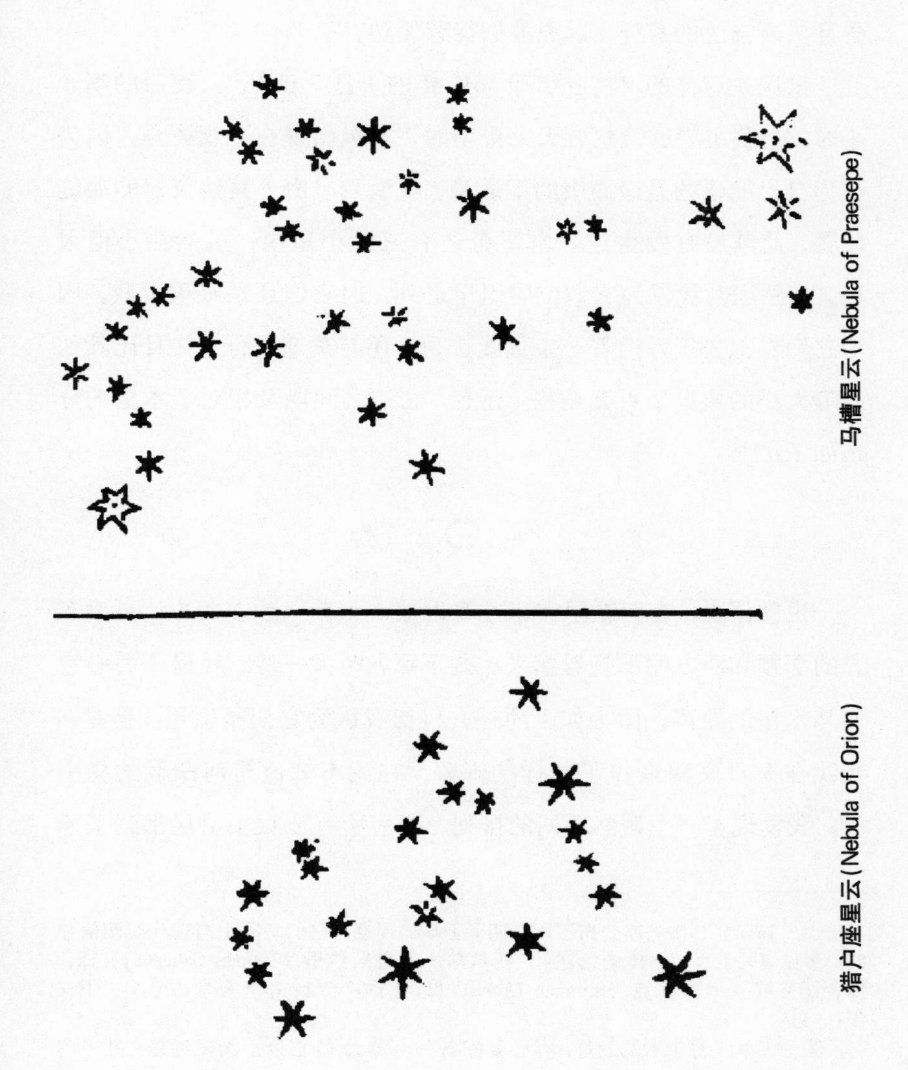

马槽星云(Nebula of Praesepe)

猎户座星云(Nebula of Orion)

间紧迫，到目前为止，我们还没有实现这一目标。[1]不过，我们再次建议他们，他们将需要一架非常精准的望远镜，就像我们在本报告开头所描述的那样，以免他们徒劳无功。[2]

情况是这样的，在今年即1610年的1月7日[3]，入夜后的第一小时，当我用望远镜察看天上星座时，木星出现在了视野里。因为我为自己准备的是最高级的望远镜，我看到（由于其他仪器的功能较弱，此前没有发生过）木星旁边有三颗小星星，虽然很小但很亮。虽然当时我以为它们位居恒星之列，但它们还是吸引了我，因为它们看上去正好沿着一条直线排列，还与黄道平行，并且比其他同等大小的星星要更亮一些。还有，它们之间以及相对于木星的分布如下：[4]

东　　　*　　　*　○　　*　　　　　　西

也就是说，有两颗星在东方靠近他，而有一颗在西方；更偏东方的那颗和西方的那颗看起来比剩下那颗略大一些。我最不关心它们与木星的距离，因为如上所述，起初我认为它们是恒星。但是，当我在8日又回来作了同样的观察，在我不知道是何命运的指引下，我发现了一个截然不同的排列。因为所有三颗小星星都到了木

① 1612年，伽利略公布了所有四颗卫星的周期，它们实际上与现代观测值相同。参见《关于水中物体的论述》，托马斯·萨鲁斯伯里（Thomas Salusbury）译，编者斯蒂尔曼·德雷克（Stillman Drake）（厄巴纳：伊利诺伊大学出版社，1960年），I。

② 尤其是对于木星卫星，有必要配备一个放大15倍以上的望远镜，并专门用于天文用途。

③ 伽利略所用的日期均为格里高利历，即现行公历。

④ 一号和二号卫星就在木星东侧，贴得非常近。伽利略将它们视为一体了。参见让·梅厄斯（Jean Meeus），《伽利略的木星卫星首批记录》，《太空和望远镜杂志》1962年第24期，第137—139页。

星的西侧，它们彼此也比前一晚更加靠近，而且间距相等，如下草图所示[①]。即使在此时，我始终没有转而思考这些星星的相对运

东　　　　O * * *　　　　西

动，但是我还是注意到了木星怎么能够在昨天还在其中两颗的西边，却在一天之后就到了这三颗星的东边这个问题。因此，我担心可能木星的运动与天文计算相违背，路线是直线，因而由于他自身的运动而越过了这些星星。因此，我热切地等待第二天晚上。但是我的希望破灭了，因为天空乌云密布。

然后，在10日，恒星相对木星出现在这样位置。木星近旁只有两颗星星，都在东边。第三颗，如我所想，隐藏在了木星后面。[②]

东　　　　* * O　　　　西

就像前面提到的，它们与木星在同一条直线上，并正好沿着黄道。当我看到这一点时，因为我知道这种变化绝不可能归结为木星的原因，而且由于我知道观测到的星星总是那几颗（因为其他星，无论是在木星之前或之后，都在黄道上很远的距离），现在，我从怀疑变成惊讶，发现观察到的变化不是由于木星，而是在于那些所谓的星星。因此，我决定从今以后应更加准确、勤奋地观测它们。

因此，在11日，我看到了以下排列：

---

① 事实如此。那天晚上，第四号卫星在东方距离木星最远，由于伽利略的望远镜的视场很小，所以没有看到它。参见梅厄斯，《伽利略的木星卫星首批记录》。

② 那天晚上，一号卫星在西边，离木星太近以至于它被掩藏在木星的光辉里。二号和三号卫星彼此非常接近，在木星东边，伽利略将它们视为了一颗。参见梅厄斯，《伽利略的木星卫星首批记录》。

东　　　* *　○　　　　　西

东边只有两颗星星[1]，中间那颗星到木星的距离是它到更偏东那颗星的距离的三倍，而更偏东那颗星的亮度大约是另一颗的两倍，尽管前一天晚上它们还表现为大约相等的亮度。我由此得出的结论是，毫无疑问，在天上，有三颗星星在木星周围徘徊，正如金星和水星在太阳周围出没。

在随后的许多观测中，我最终弄清楚了，不是仅有三颗，而是有四颗星星正在围绕木星运行。以下内容是从那时起测定的位置变化的精确说明。我还按照上述步骤用望远镜测量了它们彼此的距离。我增加了观测的时间，特别是在同一天晚上进行了多次观察时，这些行星运行如此之快，以至于数小时之间的区别通常也可以察觉到。

因此，在 12 日，也就是后一天晚上的第一个小时，我看到星星以这种方式排列。更偏东方的那颗星比西边那颗星要大，但两者

东　　　* *○　*　　　西

都非常显眼、明亮。[2]这两颗星距离木星都是 2 角分。[3]在第三个

① 一号和二号卫星刚刚结束了它们在木星前方的掩食，但距离还是太近，伽利略分辨不出来。参见同上。

② 请注意，伽利略最初只看到了两颗卫星，三号在东边，二号在西边。一号和四号卫星实际上都在东边但离木星太近。显然，伽利略无法看到后两者，直到一号卫星离开木星略远一些。参见梅厄斯，《伽利略的木星卫星首批记录》。

③ 伽利略将木星角直径取为约 1 角分，他进而以这个量来估计卫星的距离。不过，在他的绘图和《星际信使》中，他呈现的木星表面约为两倍大，卫星距离亦然。因此绘图的比例失调。参见斯蒂尔曼・德雷克《望远镜潮汐策略》（芝加哥，芝大出版社），第 214—219 页。

小时，此前从未见到的第三颗小星星开始出现。它几乎触碰到了木星的东侧边缘，它很小。所有的星都在同一条直线上，并沿着黄道对齐。

在 13 日晚上，我第一次见到了木星的四个小星星相对于木星以这种位置形式排列。①西边有三颗，东边有一颗。它们几乎形成

东 * ○ * * * 西

一条直线，但是西边中间的那颗星在略偏北一点。最东边的星距离木星 2 角分。其余的三星与木星彼此间隔只有 1 角分。所有这些星星都表现为同样大小，而且它们虽然很小，却非常亮，比同样大小的恒星要亮得多。

14 日，天气多云。

15 日，入夜第三小时，四颗星相对于木星的位置如下图所示。它们都在西边，几乎沿一条直线排列，除了离木星第三颗有点偏

东 ○ * * * * 西

北。最接近木星的那颗星是其中最小的，其余的依次显得比前一颗更大些。木星与接下来的三颗星彼此的间隔均等，均为 2 角分。最西边的那颗星与离它最近的那颗星间距是 4 角分。它们都非常亮且不闪烁，而且此之前和以后看到的均是如此。但是到了第七个小时，只有三颗星了，它们与木星的位置关系如下图。它们是恰好在同一条直线上②。最接近木星的那颗星很小，距离木星为三角分；

---

① 因此，正是在这一天，伽利略才意识到存在四颗卫星。在先前的观察中，由于各种情况，他无法同时看到所有四颗卫星。

② 我曾经把这整段里的拉丁语 ad unguem 统一翻译为精确。

第二颗星距离它又只有 1 角分远。第三颗星离第二颗星是 4 角分 30 角秒。然而，一小时之后，中间的两个小星星彼此距离更近了，间隔仅 30 角秒。

16 日晚上的第一个小时，我们看到三颗星按如下顺序排列。两颗星分别位于木星左右两侧各 40 角秒处，另一颗在木星西边 8 角

东 *○* * 西

分处。距木星较近的那颗星相比于较远的那颗星看上去并不大，却更亮。

17 日，在日落后 30 分钟，位置如下。东边只有一颗星，距离木星 3 角分。木星西边同样也有一颗星，距离 11 角分。东边的星看

东 * ○ * 西

起来是西边那颗的两倍大。除了这两颗没有别的。但 4 小时之后，也就是当晚约第 5 小时，在东边开始出现第三颗星，我怀疑它此前

东 ** ○ * 西

是跟第一颗星连在一起的。其位置排列如下。中间那颗星，非常靠近东边那颗，离它只有 20 角秒，它位于从最外侧那颗星和木星连线的稍微偏南一点。

18 日，日落之后 20 分钟，位置排列如下。东边那颗星比西边

东 * ○ * 西

那颗星要大，距离木星 8 角分。西边那颗星距离木星 10 角分。

19 日晚上的第 2 个小时，队形是这样的。有三颗星，正好位于穿过木星的一条直线上。一颗在东边，距离 6 角分；木星和西边第

东 * O * * 西

一颗星之间距离为 5 角分，而这颗星与更西方那颗星之间距离为 4 角分。这时我不确定东方那颗星和木星之间是否还有一颗非常贴近木星的小星星，因为太近而贴着木星。在第 5 个小时，我清楚地看到这颗小星星现在占据了位于木星和东方那颗正中间的位置，因此它们位型如下，而且，刚看到的这颗星星很小。到第 6 小时，它的

东 * * O * * 西

亮度就跟其他三颗星几乎相同了。

20 号，入夜后 1 小时 15 分钟，出现了类似的排列。有三颗小星星，可它们都太小了，都几乎难以看到。

东 · O * * 西

它们到木星和彼此间距都不超过 1 角分。我不确定在西边是否有两颗还是三颗小星星。在第 6 个小时左右，它们的排列变成了这样：

东 * O** 西

东边那颗星到木星的距离是以前的两倍，即 2 角分；西边的中间那颗星距离木星 40 角秒，它到更西边那颗星只有 20 角秒。到了第 7

东 * O* ** 西

小时，在西边终于看到了三颗小星星。离木星最近的那颗星距离只有 20 角秒；在这颗星和最西边的那颗星之间有 40 角秒，在它们中间可以看到另一颗，位置略微偏南，离最西边那颗星不超过 10 角秒。

21 日，入夜 30 分钟，东边有三颗小星星，它们还有木星彼此间距相等，各间距估计为 50 角秒。西边还有一颗星，距离木星 4 角

东　***○　*　西

分。东边离木星最近的一颗星是其中最小的。其余几颗星略大并且彼此相同。

在 22 日晚第 2 小时，排列是相似的。从东边那颗星到木星的距离是 5 角分；从木星到最西边那颗星的距离是 7 角分；西边中间两颗之间距离是 40 角秒，而离木星最近的那颗星到木星是 1 角

东　*　○ **　*　西

分。中间的两颗小星星比最外侧的两颗星星要小，但是它们都分布在沿着黄道方向的同一条直线上，只不过西边三颗星的中间那颗位置稍微偏向南。

但是在当天晚上的第六个小时，它们又以如下这种队形出现了。东边的星很小，和以前一样，距木星 5 角分。三颗星在西边，

东　*　○ * * *　西

它们以及木星之间彼此之间距离都相等，间距接近 1 角分 20 秒；离木星较近的那颗星比其他两个显得更小；而且它们全体似乎正好位于同一条直线上。

23 日，日落之后的 40 分钟，星星的排列大约是这样的：

和往常一样，有三颗星和木星位于沿着黄道的直线；其中两颗在东边，一颗在西边。最东边的那颗星与相邻的星距离是 7 角分，后者距木星 2 角分 40 角秒，木星距离西边那颗星 3 角分 20 角秒。它们此时亮度都相等。但是在第 5 个小时的时候，我发现最接近木星的两颗星不见了，以我之见，它们是隐藏在木星的后面。看上去是这样的：

东　　　*　　○　　　西

在 24 日，出现了三颗星，都在东边，并且几乎与木星在同一

东　　*　　**　○　　　西

直线上，因为中间那颗略微偏南。离木星最近那颗距离它 2 角分 30 角秒，下一颗星距离前者是 30 角秒，最东边那颗星距离中间那颗

东　　[*]　　*　○　　　西

是 9 角分；它们都非常亮。但是，到了第六个小时，只有两颗星出现在这个队列中，也就是它们与木星恰好成一条直线。最近的那颗星距离木星 3 角分，而另一颗星距离前一颗为 8 角分。如果我没弄错的话，前面观察到的中间两颗小星星已经合而为一。

因此在 25 日，入夜后 1 小时 40 分钟，排列是这样的：

东　　*　　*　　○　　　西

东边只有两颗星，而且它们相当大。最东边那颗距离中间那颗 5 角分，而中间那颗到木星是 6 角分。

在 26 日入夜后 0 小时 40 分，星星们的队列是这样。观察到三

东 * * O * 西

颗星，其中两颗星在东边，一颗星在西边。最后一颗星距离木星 5

东 * * *O * 西

角分，东边的中间那颗星距离木星 5 角分 20 角秒。最东边的距中间那颗是 6 角分。它们都在同一条直线上，并且具有相同的星等。然后在第 5 小时，排列几乎是一样的，唯一的不同是在木星东边附近出现了第四颗星星，比其他几颗星要小，当时距离木星 30 角秒，如图所示其位置在直线上略偏北。

在 27 日，日落之后 1 小时，只能看到有一颗星星，位于东边，这颗星的位型就是这样的：

东 * O 西

它很小，距离木星 7 角分。

在 28 日和 29 日，由于乌云密布，什么都没有看到。

在 30 日晚上的第 1 小时，观察到星星按此顺序排列。一颗星

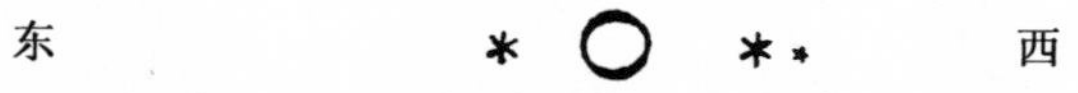

东 * O * * 西

是在木星东边，距离木星 2 角分 30 角秒，西边有两颗星在西边，其中到木星最近的那颗星距离是 3 角分，另一颗星离前一颗星是 1 角分。位于外侧的两颗星和木星排列成一直线，而中间那颗星位于向

北偏高一点。最西边的那颗星比其他星星要小。

在（1月）的最后一天，入夜第2小时，木星东边出现了两颗星，西方出现了一颗星。东边中间那颗星到木星是2角分20角秒，

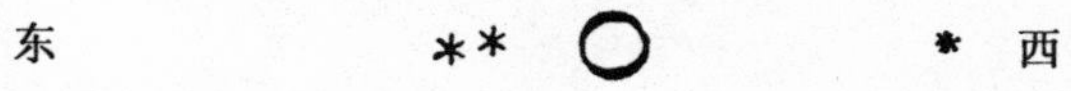

东 ** ○ * 西

最东边那颗星离中间那颗30角秒，西边那颗星距木星10角分。它们几乎在同一条直线上，只有东边最靠近木星的那颗才向北偏高了一点。但是到了第4个小时，东边两颗星彼此更接近了，距离只有20角秒。在这部分观测中，西边星星一直显得很小。

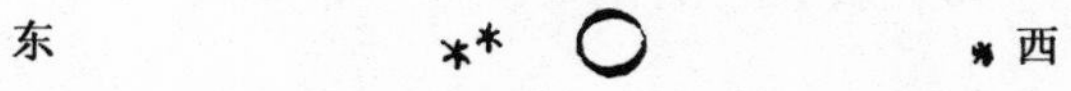

东 ** ○ * 西

1610年2月、3月的观测记录

在2月的第一天，晚上的第二个小时，排列还是类似的。东边那颗星距离木星是6角分，西边那颗星距离是8角分。在东边，距离木星20角秒处还有一颗很小的星星。它们形成了一条精确的直线。

东 * [·]○ * 西

2日，星星们还是按此顺序出现。有一颗星在木星以东6角

东 * ○ * * 西

分；木星距西边较近的一颗星是4角分，从这颗星到最西边那颗星间距是8角分。它们正好在一条直线上，星等几乎相同。但是在第7个小时，就有了四颗小星星，木星占据了它们中间的位置。在这

东 * * ○ * * 西

些小星星之中，最东边一颗到下一颗距离 4 角分，下一颗到木星是 1 角分 40 角秒，木星到西边距离它最近的一颗星是 6 角分，这颗星到最西边一颗星是 8 角分。它们全都分布在沿着黄道带的同一条直线上。

第三天，晚上第 7 小时，星星以如下顺序排列。东边那颗星距木星 1 角分 30 角秒；西边最近的这颗星到木星 2 角分；西边另一颗

东 * ○ * * 西

星到这颗星是 10 角分。它们绝对在同一条直线上，并且星等大小相等。

4 日晚上第 2 小时，木星周围有四颗星，东边两颗，西边两

东 * * ○ * * 西

颗，并精确地排成一条直线，如图所示。最东边那颗与下一颗相距 3 角分，后者距木星 40 角秒；木星距离西边最近那颗星 4 角分，这颗星距离最西边的星是 6 角分。它们的大小几乎相等；最靠近木星的那颗星比其他星看起来略小。不过到了第 7 小时，东边两颗星相

东 ** ○ * * 西

隔仅 30 角秒。木星到东边较近的星只有 2 角分，到西边较近的那颗星只有 3 角分，后者到最西边的星距离为 3 角分。它们看起来都一样，并沿着黄道在同一直线上分布。

5 日晚上，天空多云。

6 日，如图所示，只有两颗星星出现在木星两侧。东边的星距

东　　　　　　　　*　○　*　　　　　　西

离木星2角分，西边的星距离木星3角分。它们与木星在同一条直线上，星等大小相同。

7日，木星近旁有两颗星星，都在东边，以如下这种方式排列。

东　　　　　　　　**○　　　　　　　　西

它们与木星之间相邻间隔相等，为1角分，穿过它们的直线也穿过木星的中心。

8日，入夜后1小时，出现了三颗星星，全都在东边，如图所示。最靠近木星的小星星距离是1角分20角秒；中间那颗星相当

东　　　　　　　*　*　○　　　　　　　西

大，与前一颗星的距离是4角分；最东边那颗很小的星星距离中间星只有20角秒。我拿不准最靠近木星的那是一颗还是两颗小星星，因为在东方近旁似乎时不时地有另一颗靠近它，非常小，仅仅相隔10角秒。它们都沿着黄道带在同一条直线上分布。但是在第3小时，离木星最近的那颗星差点碰到木星了，离它只有10角秒，而其他各星都离木星更远了，比如中间那颗距离木星有6角分。最终，到第4小时，原本最接近木星的那颗星，与木星连在一起，再也看不到了。

9日，入夜30分钟时，在这个队形里有两颗星星位于木星东边附近，西边有一颗。最东边的星星相当小，离下一颗4角分；中间

东　　*　　*　　　○　　*　　西

较大的星距离木星 7 角分；木星离最西边的星 4 角分，这颗星星也是小的。

10 日，夜晚第 1 小时 30 分钟，在队列里可以看到两个非常小

东 * *O 西

的星星，都位于木星东边。较远的是离木星有 10 角分，较近距离为 20 角秒。它们在同一条直线上。但是到了第 4 小时，靠近木星的那颗星星已不在了，而另一颗又显得如此微弱，以至于几乎看不到，尽管空气很清澈，而且它比此前离木星更远，因为它现在的距离为 12 角分。

11 日，晚上第 1 小时，木星东边出现了两颗星，西边出现了一颗。西边那颗星距离木星有 4 角分；东边比较最近的那颗星距离木

东 * * O * 西

星也是 4 角分；而最东边那颗星到它的距离是 8 角分。它们亮度中等，在同一条直线上。但是在第 3 小时，第四颗星星出现紧邻着木

东 * * *O * 西

星东边，比其他木星要小，与木星的距离为 30 角秒，并且相对贯穿其他星星的连线稍微向北偏离。它们此时是最亮的，极为醒目。但在第 5 小时半的时候，东边离木星最近的那颗星，已经远离了木星，到了木星和它更东边那颗星中间的一个位置。它们都精确地位于同一条直线上，并且星等相同，如附图所示。

东 * * * O * 西

12日，入夜后40分钟，两颗星星出现在东边，同样有两颗星星出现在西边。东边较远的星到木星是10角分，而西边较远的星

到木星是8角分。这两颗星都相当醒目。另外两颗星非常靠近木星，而且非常小，尤其是东边那一颗，它距离木星40秒，而西边那一颗星距离1角分。但是到了第4小时，在木星东边附近的小星再也看不到了。

13日，日落后30分钟，木星东边出现了两颗星，西边出现了两颗。东边离木星较近的那颗星相当亮，距离木星2角分；更偏东

东　＊　＊　○　[·]＊　西

那颗星看上去较小，距离前者4角分。西边距木星较远的那颗星格外引人注目，与木星相距4角分；在它和木星之间，坐落着一颗小小的星，更靠近西边那颗星的位置，因为二者之间还不到30角秒。它们都精确地位于沿着黄道的同一条直线上。

东　＊ ＊＊○　西

15日（因为14日阴云密布），日落后第1小时，各星星的位置如下。也就是说，东边有三颗星星，而西面却一颗也看不见。东边最靠近木星的那颗星距木星50角秒，下一颗星离这颗星20角秒，最东边那颗星到中间这颗星2角分，而且它比其他的星都要大，更接近木星的两颗星都非常之小。但是大约在第5小时，接近木星的两颗星就只有一颗可见了，距离木星30角秒。东边离木星更远的那颗星距离增加了，此时是4角分。但是在第6小时，除了之前我

东 * ·○ 西

们说过的位于东边的两颗星，在西边距离木星 2 角分处，可以看到出现了一颗极小的星星。

东 * ·○ · 西

16 日，夜晚第 6 小时，各星星按下图排列。也就是说，东边一颗星星距离木星 7 角分，木星离西边下一颗星 5 角分，这颗星到西

东 * ○ * * 西

边另一颗星是 3 角分。它们都具有同样星等，非常醒目，且位于沿黄道带的同一直线上。

在 17 日入夜后第 1 小时，出现了两颗星星，一颗在东边，距木

东 * ○ * 西

星 3 角分，另一颗在西边，距离 10 角分。这颗星星比东边那颗小一点儿。但是到了第 6 小时，东边那颗星离木星更近了，距离只有 50 角秒。西边那颗星距离更远了，变为 12 角分。在两次观测中，它们都在同一条直线上，并且都很小，尤其是第二次观测时东边那颗。

18 日，入夜后第 1 小时，木星旁出现了三颗星，其中两颗在西边，一颗在东边。东边那颗星距木星 3 角分，西边离木星最近那颗

东 * ○ * * 西

间距是 2 角分，更西边的另一颗星离中间那颗星是 8 角分。它们都精确地在同一条直线上，并且具有几乎同一星等。但是在第 2 小时，比较靠近木星的两颗星星从木星旁边移开同样的距离，因为

（其中的）西边那颗现在离木星间距也是 3 角分。但是在第 6 小时，第四颗星出现在东边那颗与木星之间，队形如下。最东边那颗

星到新出现的这颗星是 3 角分，后者到木星是 1 角分 50 角秒，木星到西边下一颗星是 3 角分，这颗星到最西边的星是 7 角分。它们大小几乎相等，只有东边靠近木星的那颗星略大一点儿，它们也都在平行于黄道的一条直线上。

19 日，日落后 40 分钟时，只在木星西边有两颗相当大的星

东 ○ * *西

星，与木星精确排成沿着黄道的一条直线。到木星较近的那颗星距木星 7 角分，它到最西边那颗星是 6 角分。

20 日，天空多云。

21 日，日落后 1 小时 30 分钟，观察到了三颗很小的星星按如下排列。东边那颗星距木星 2 角分，木星到西边下一颗星 3 角分，

东 * ○ * *西

而这颗星距最西边的那颗星 7 角分。它们正好在与黄道平行的一条直线上。

25 日（因为前三个晚上的天空都被云层覆盖），入夜后 1 小时 30 分钟，木星旁边可以看见三颗星，东边有两颗，它们彼此以及与

东 * * ○ * 西

木星之间的距离都相等，为 4 角分。西边一颗星距木星 2 分钟路

程。它们正好在沿着黄道的同一条直线上。

26 日，入夜后 30 分钟时，木星旁边只出现了两颗星。一颗在

东　　*　　○　　*　　西

木星东边 10 角分处，另一颗在西边 6 角分处。东边那颗星比西边的稍小。但是在第 5 小时，有三颗星出现了。除了已经提到的两颗，还一颗可以看到非常接近木星，在西边，非常小，它此前被掩

东　　*　　○*　　*　　西

藏在木星后面，现在离木星只有 1 角分。东边那颗星出现的位置比此前更远了，距离木星 11 角分。那天晚上，我第一次决定参考一些恒星来观察木星及其附属的那些行星沿着黄道带，因为我在东边观察到了一颗恒星，到最东边的那颗行星距离有 11 角分，位置有些偏南[①]，排列如下：

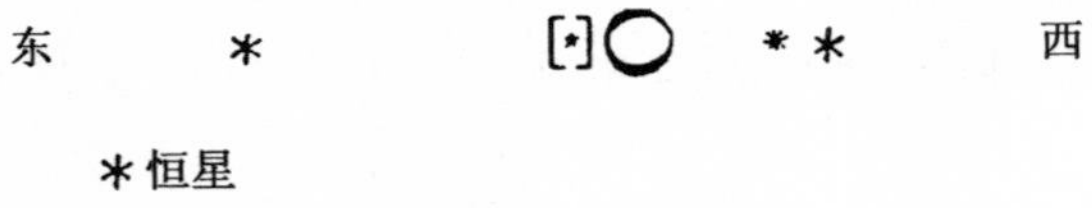

东　　*　　[*]○　　* *　　西

*恒星

27 日，日落后 1 小时 4 分钟[②]，排列显示如下。最东边那颗星距木星约 10 角分，距木星较近那颗到木星约 30 角秒。下一个即西

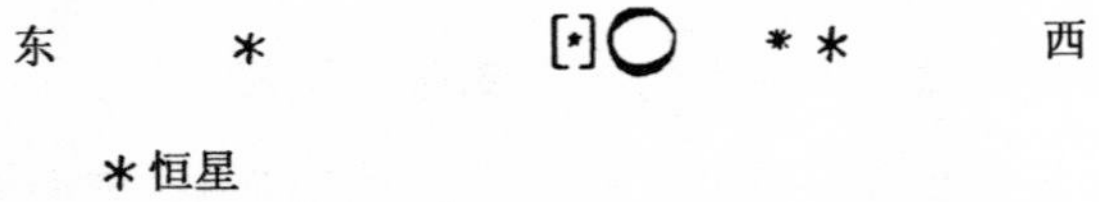

东　　*　　[*]○　　* *　　西

*恒星

---

① 这是一颗七等星，刚好位于黄道下方，赤经 5 小时 4 分钟，赤纬+22°.4，在金牛座。

② 伽利略在这里显然意思是“40 分钟”，但这不是印刷错误，手稿里也写的是“4 分钟”（《伽利略著作集》第 3 卷，第 44 页）。

边的星星离木星是 2 角分 30 角秒；最西边那颗星到上一颗星是 1 角分。木星近旁的两颗星显得很小，尤其是东边那颗，但最外侧两颗星星却非常醒目，尤其是西边那颗。它们形成一条恰好沿着黄道的直线。通过与上述恒星的比较，可以清楚地看出这些行星向东方前进，因为在下图中可以看到，木星和伴随他的众行星现在离它更近了。但是到了第 5 小时，东边靠近木星的那颗星到它的距离就只有 1 角分了。

28 日，入夜后第 1 小时，木星旁边只看到了两颗星星，东边那颗距木星 9 角分，西边那颗距木星 2 角分。它们相当显眼并且在同一条直线上。如图所示，该直线与从恒星到东边那颗行星连成的直线垂直相交。

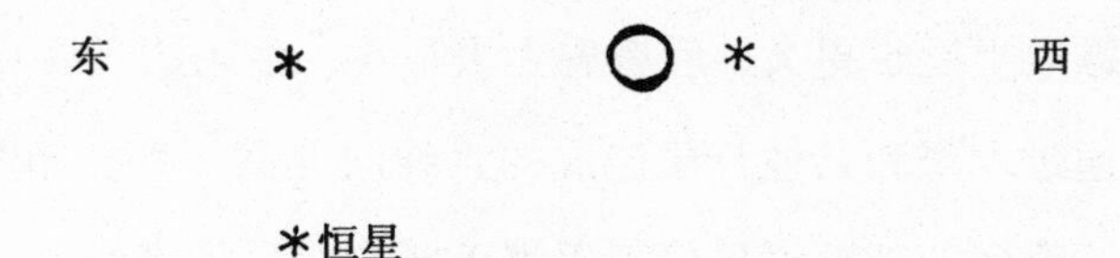

但是在第 5 小时，在东边离木星 2 角分处看到了第三颗小星星，位置如下图。

东 * *○* 西

3 月 1 日，入夜后 40 分钟时，木星旁边看到了四颗星星，都在

东 • *** ○ 西

*恒星

东边。离木星最近那颗星距离它有 2 角分，那颗星到下一颗星的距离是 1 角分，下一颗再到第三颗星距离是 20 角秒，第三颗比其他

几颗都要亮。第四颗星离前一颗星距离是 4 角分，它又比其他星都要小。它们几乎形成一条直线，只是离开木星的第三颗星位置略高了一点。如图所示，恒星与木星和最东边那颗星形成等边三角形。

2 日，入夜后 40 分钟，木星旁边出现了三颗行星，其中两颗在东边，两颗在西边，如下图所示。

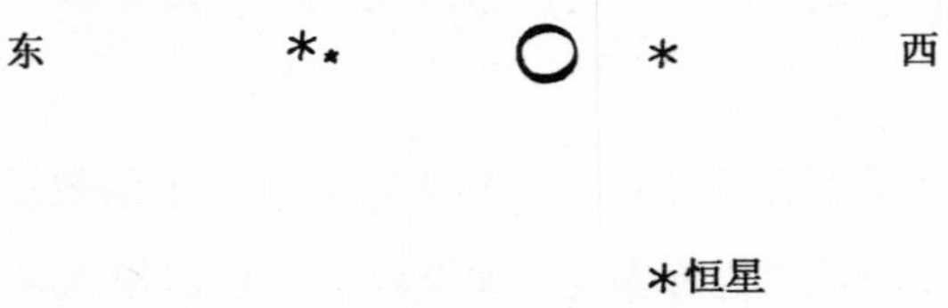

东 * * ○ * 西

*恒星

最东边的行星到木星的距离 7 角分，而这颗行星到下一颗行星距离是 30 角秒。西边那颗行星到木星是 2 角分。而且最外侧的两颗行星比另一颗要更亮也更大，后者看上去很小。最东边那颗行星看起来相对于通过木星和其他行星连成的直线向北高一些。如图所示，此前我们注意到的那颗恒星位于垂直于所有行星的连线方向的一条直线上，在这条直线上它到最西边行星的距离是 8 角分。

我决定将木星及其伴随行星与那颗恒星的对比添加进去，以便我们从中可以看到这些行星在经度和纬度上的变化与从星表得出的运动完全吻合。①

关于木卫的简短总结

这些是最近对四颗“美第奇行星”的观测结果，而且是由我首

① 木星在 1610 年 1 月底刚结束逆行，从“留”状态转为从西向东缓慢移动。在 2 月底，它在经度方向每日运动约为 4 弧分。参见科比 · 塔克曼（Bryant Tuckerman），《行星、月球和太阳位置，公元前 2 至公元 1649 年，每 5 天和 10 天间隔》，《美国哲学学会会刊》1964 年第 59 期，第 823 页。

次发现的。虽然目前尚不可能计算它们的周期，但至少可以判断出来一些值得注意的事情。首先，由于它们以类似的间隔有时跟随木星后面，有时又跑到木星前面，并只离开木星向东和向西移动很小的范围，并且一直伴随着木星做等量的逆行和前进运动，所以没有人能怀疑它们在围绕木星运行，与此同时，它们又一起围绕宇宙中心以 12 年的周期转动。此外，它们在不同的圆圈上绕转，这显然可以从以下事实推理出来：即在离开木星的最大间隔处永远不会看到两颗行星合而为一，反之，在木星附近可以看到两个、三个，偶尔还能发现所有四颗行星同时挤在一起。进一步还可以看出，在木星周围画出较小圆圈的那些行星的运行速度更快。①因为离木星较近的那些行星通常是在前一天看起来处于西边，第二天就会出现在东方，反之亦然；而仔细检查先前准确记录的回转运动，在最大圆周上穿行的那颗行星看起来周期是半个月。②

此外，我们还有一个极好的甚至可以说壮丽的证据，可以解除有些人的顾虑，他们一方面平静地容忍哥白尼体系里诸行星围绕太阳运行，另一方面又为有一颗月球围绕地球转且它们两者还一起在绕太阳轨道上做周年运行而深感不安，以致他们得出结论认为，宇宙的这种构造是不可能的，因而必须被推翻。③因为在地球上，我们只有一颗星体围绕另一颗星体运行，而它们两个都在一个大圆圈上绕着太阳转动；但是我们的观察为我们提供了另一个例子，就像绕着地球的月亮一样，有四颗星星在木星附近徘徊，并且它们都随

① 把行星的平均半径与行星的周期联系起来的开普勒第三定律直到 1619 年才公布。

② 实际周期约为 16 天 18 小时。

③ 这是反对哥白尼假说的多种论据之一。如果地球是一颗行星，为什么它是唯一拥有卫星的行星？或者说，宇宙里怎么会存在地球和太阳两个绕转中心？

着木星一起绕着太阳以12年的周期在一个大圆上运行。①

最后，我们决不能忽略为什么“美第奇之星”在围绕木星的小圆周运行时，本身却时常被看到变成两倍大的原因。我们绝不能在地面蒸气中寻找原因，因为这些星星会变大和变小，而木星和附近恒星的大小完全不变。而且，它们在绕地球轨道的近地点和远地点之间运动时②，由于接近或远离地球这样小的程度而引起如此巨大的变化，这似乎是不可想象的。这决不可能归结为较小的圆周运动，而椭圆运动（在这种情况下必须几乎是笔直的）看起来既不可思议，也与其表现不协调。③

我很乐意提供我在这件事上所见到的一切，并将其提交给有思想的人们去评判和责难。众所周知，由于地面蒸气的介入，太阳和月亮看上去更大，而恒星和行星看上去更小。因此，在地平线附近，发光体看起来会变大④，但星星（和行星）会变小，并且通常不显眼，并且如果相同的蒸汽被光充满，星星的衰减甚至更多。因此，如上所述，星星（和行星）在白天和黄昏时显得很小，但月球却并非如此，正如我们在前面已经讲过的。

根据我们上面所说的以及在我们体系中将要讨论的更多内容，可以更加肯定的是，不仅地球而且月球都有其周围的蒸气球层。因

---

① 这段话完全清除了对哥白尼学说的一项重要反对意见，因为木星的卫星表明我们的月球可以绕着正在运动的地球旋转。然而，有人提出，这是针对第谷·布拉赫的日心地动说的反对意见。参见韦德·罗宾逊（Wade L.Robison），《伽利略论木星卫星》，《科学年鉴》1974年第31期，第165—169页。

② 远地点和近地点是天体离地球最远和最近的位置，伽利略在这里按其字面含义使用这些术语。

③ 尽管木星的卫星轨道实际上是圆形的，但严格来说它们是椭圆形的。椭圆天文学是由约翰纳斯·开普勒在其1609年的《新天文学》中提出的。

④ 事实上，大气折射使这些物体的垂直直径小于水平直径。接近地平线的月亮和太阳的大尺寸是错觉。

此，我们可以对其余的行星作出相同的判断，因此，认定木星周围存在一个其他地方的比以太更稠密的气体球层，从而令美第奇行星在其中就像月球绕诸元素球那样运行，这似乎不是令人难以置信的。在远地点，由于这个球层的介入，各行星会变小，但是在近地点时，由于该球层的缺失或衰减，各行星显得较大。①时间不足使我无法取得更多进展了。公正的读者可能会期望不久获得更多有关这些问题的信息。

① 伽利略报告的亮度变化无法通过单个卫星的亮度变化得到解释。由于在伽利略的报告中，仅当各卫星靠近木星时才看到它们变暗，所以这种影响必须归因于行星的眩光和伽利略望远镜分辨率低的联合作用。

结语：《星际信使》被接受的过程

新发现立即惹起争议

《星际信使》让伽利略几乎在一夜之间成为国际名人。虽然在17世纪新闻并没有像今天这样瞬间传达，但它通过外交和商业渠道散布之快仍出乎意料。发自威尼斯的信件到达德国南部需要不到两星期的时间，到达遥远的英格兰需要大约一个月。在1610年的春天，通过这些渠道传递的一些信件中提到了帕多瓦大学那位数学教授所做出的惊人发现。因此，很快从欧洲各地饱学之士的口中就可以听到伽利略的名字了。然而，人们首先听到的只是传闻，等到这本书寄到之后，人们才知道了伽利略究竟发现了什么。直到那时，学者们才得以亲自读到伽利略提出的主张，开始对这本书作出评估。

但是，很少有科学家可以接触到窥镜，仅有的也只是一些普通的低倍率产品，甚至其中最好的仪器也完全不能与伽利略制造的那些相提并论。因为高质量的玻璃本就很难获得①，而眼镜制造工艺过于拘泥于传统，无法对超出正常屈光强度范围的镜片的要求作出快速反应。②在科学家们验证或否定这些发现之前，他们必须采购适当

① 奥拉夫·佩德森（Olaf Pedersen），《萨格里多的光学研究》，《半人马座杂志》1968年第13期：第139—150页；西尔维奥·贝迪尼（Silvio Bedini），《伽利略科学仪器的制造者》，发表在关于历史、方法论、逻辑和科学哲学国际研讨会论文集《科学史和科学哲学中的伽利略》，4卷本，（佛罗伦萨：G.巴贝拉出版社，1967年），第2卷第5部分，第89—115页。

② A.O.皮卡德（A. O. Prickard），《西蒙·马吕斯的〈木星世界〉》（The “Mundus Jovialis” of Simon Marius），《天文台杂志》1916年第39期：第370—371页；吉罗拉莫·西图里（Girolamo Sirturi），《望远镜：一种演示工具》（Telescopium: Sive ars perficiendi），（法兰克福，1618年），第22—30页。

仪器，这需要时间。在1610年秋天之前，无论在意大利还是国外，还未进行独立检验，不过之后就有了。然而，这并不是说，在有独立检验之前，没有人对伽利略的声明表达任何意见：在《星际信使》离开印刷厂之后，关于这些发现的争议很快就爆发了。

伽利略的发现引起争议有好几个原因。首先，望远镜提出了方法论和认识论方面的问题。当时流行的亚里士多德方法论是基于通过不借助工具的感官收集来的信息进行推理和推断。在一些学科，如解剖学和生理学（它们从16世纪成为重要的研究领域），亚里士多德的方法论在当时开始产生了一些重要成果。但是伽利略声称的是，窥镜揭示了肉眼看不见的现象。这是非常迷人的，但是人们怎么才能确定该仪器没有欺骗伽利略，并且这些现象在天空之上确实存在？

从我们的视角往回看，问题在于传统上分配给数学的角色。在亚里士多德的科学中，这种方法与自然的相关性受到严重限制。例如，数学可以预测某个行星特定时间在天上的位置，但它无法告知我们天宇是如何建造的。数学家（这是当时对天文学家的称呼）用以获得预言的模型或构造被认为与现实没有任何关系：它们仅仅是工具。在我们可能称之为应用数学的其他领域，情况大致相同。伽利略以数学家的身份谋生。就像在他之前的哥白尼一样，他坚持将他的主题突破传统的学科界限，从而对世界实际构建的方式发表了看法。[①]根据伽利略的说法，这种新的光学工具和光学是数学的一个分支，证明了天宇实际的样子，即便它们是用肉眼看不见的。从

① 罗伯特·韦斯特曼（Robert S. Westman），《天文学家在16世纪的角色：初步研究》（*The Astronomer's Role in the Sixteenth Century*：*A Preliminary Study*），《科学史杂志》1980年第18期，第105—147页。

方法论上讲，这是一个非常大胆的声明，因为没有光学理论可以证明该工具没有欺骗感官，甚至大体上尚未承认光学理论对现实有很大影响。现在，这种态度在 16 世纪正在发生变化，但是哲学教授们并没有打算在未经战斗的情况下为这位数学家提供这样的基础。①

当我们认识到望远镜是第一种能放大感官因而使此前看不见的东西变得可见的科学仪器时，我们可以更好地理解这个问题的重要性。虽然今天我们很容易接受这样的工具（事实上，我们认定它们是科学的重要组成部分），可在 1610 年情况是不同的。望远镜的合法性是值得商榷的，因此，它所呈现的证据也是如此。它似乎创造了全新的信息，并且是通过我们尚未很好理解的光学原理实现了这一点。科学必须为这种新型仪器及其产生的证据腾出空间。由于缺乏好的工具，这个过程变得非常困难。木星的诸卫星就是仪器性能的测试案例，关于它们是否存在的问题主导了关于新发现的讨论。虽然对这部分的评估到 1611 年春天就结束了，但为望远镜提供充分的理论以证明通过它看到的现象确实存在这个问题在 17 世纪剩下的时间里继续令科学界为之焦虑不安。②

而且，新仪器提供的证据是公然违反了以往哲学建构所珍视的宇宙论思想的。显然，如果这些新现象的真实性被接受了，那么将

---

① 当时重要的哲学家塞萨尔·克雷莫尼尼（Cesare Cremonini），也是伽利略在帕多瓦大学的同事和朋友，就不想与望远镜发生关联。1611 年 5 月 6 日，保罗·古拉多（Paolo Gualdo）从帕多瓦给在佛罗伦萨的伽利略写信说，克雷莫尼尼“完全嘲笑您的这些观察结果，并对您断言它们是真实的而感到惊讶”。

② 直到 1681 年，英国天文学家约翰·弗兰斯蒂德（John Flamsteed）仍然认为有必要通过对镜片系统的分析来证明镜片和镜片组合“并不强加于我们的感官”。参见《约翰·弗兰斯蒂德的格雷欣讲座》（The Gresham Lectures of John Flamsteed），埃里克·福布斯编（伦敦：曼塞尔出版社，1975 年），第 189 页。

其融入传统宇宙学和哲学里是非常困难的。如果人们接受了伽利略声称月球就像地球一样遍布着山脉和山谷的声明，那将无法保持天宇的完美性。哥白尼假说，当时仍然只有很少的追随者（尽管他们的数量正在增长），可以更好地容纳这些发现，尽管没有一个发现能证明这个假说是正确的。望远镜开辟了各个世界体系之间斗争的又一条战线，现在战斗开始愈演愈烈。

甚至在《星际信使》出版之前，伽利略天文发现的新闻已经开始传播。3 月 12 日，也就是伽利略签署了他书上献辞的当天，阿尔卑斯山另一边的奥格斯堡银行家马克·韦尔瑟（Marc Welser）写信给罗马的耶稣会罗马学院的资深数学家克里斯托夫·克拉维乌斯（Christopher Clavius）①：

> 此时此刻，我得告诉您一件确定无疑、不容忽视的事情，有人从帕多瓦写信给我，该城大学的伽利略·伽利雷先生依靠一种被很多人称为“窥镜”（visorio）的新仪器，写了一本书，他已经发现了我们没见过，此前也从未有任何人见过的四颗新行星，还有许多恒星，也是以前不知道且看不见的，以及关于银河的诸多神奇之事。我非常理解“智慧的力量在于不要轻信”，因此我还没有对它们下任何结论。不过，我请求阁下，凭借信心直言不讳地告诉我您对这件事情的看法。

当《星际信使》接下来公之于众时，先是在意大利，然后在欧洲其他地区的统治者和教会高层向他们的学者们询问如何看待这些

① 《伽利略著作集》第 10 卷，第 288 页。

说法，学者们常常不知所措。有些人接受了，有些人不假思索地拒绝了，大多数人没有表态。欧洲已经有很多窥镜了，但放大能力都很普通，可能仅仅能够不完美地显示一些月球现象，无法看到木星的卫星。认识到这个问题后，伽利略开始在送出他的书的同时，再赠送放大能力更强大的窥镜，通过这个方法改变欧洲学者们的态度。

如我们目前所知，伽利略很有可能在1609年秋天访问佛罗伦萨期间，请大公科西莫二世用早期望远镜看了月亮的样子，并且在3月16日，即《星际信使》出版后还不到一星期，又送给大公一架望远镜（并派他的私人秘书埃内亚·皮科洛米尼指导使用方法），用这架望远镜可以看到那几颗美第奇行星。[①]伽利略意识到，即使用一架他的优良工具，要观察这些也很困难，而且他必须让他的赞助人美第奇大公相信他的发现的真实性。要做到这一点，最好的方法是既用他的仪器，还要由他亲自演示新的现象，因此伽利略在复活节假期去了托斯卡纳。[②]到4月底，他成功地使大公亲眼证实了他的发现。托斯卡纳人对伽利略非常友好，但即使在这里，也开始出现对这些发现的其他解释。3月初，伽利略的一位旧友（Raffaello Gualterotti）写信给伽利略，解释说月亮上的斑点本质是由于地球上散发的气体所致。[③]

在撰写著作、下厂付印，并继续他的天文观测的连轴转期间，伽利略仍在继续制作望远镜。在他3月16日之前制作的众多成品中，只有少数足以展示木星的卫星。[④]在3月19日给托斯卡纳宫廷

---

① 《伽利略著作集》第10卷，第299—300页。
② 同上，第289、302—303页。
③ 同上，第284—286页。
④ 同上，第298、302页。

的信中，他概述了他的如下计划[①]：

> 为了维系和提升这些发现的声望，看来我有必要……通过效果本身，让尽可能多的人看到并认识到真相。我在威尼斯和帕多瓦已经做过，现在也正在做这项工作。但是非常精致且能够显示所有观察结果的窥镜非常罕见，即使在我以极大的成本和努力制成的60架中，我也发现只有少数几架能奏效。不过，我计划这几架送给伟大的君主们，特别是最尊贵的大公的亲戚们。现在最尊贵的巴伐利亚大公和科隆选帝侯，以及最杰出的尊敬的德尔蒙泰红衣主教已经要我送上窥镜，我将尽快随书一起送去。我的愿望是将窥镜送到法国、西班牙、波兰、奥地利、曼图亚、摩德纳、乌尔希诺以及任何其他能够令最尊贵的殿下高兴的地方。

伽利略把望远镜送给了统治者而不是科学家们，我们不必为此感到惊讶，因为这里所提到的人都对伽利略持友好态度，又是科学事业的赞助人，并且会让他们自己的专家使用这些仪器，从而几乎保证伽利略拥有公平的辩解机会。

科学同行的支持和反对意见

对伽利略不太友好的人来说，情况可能会有所不同。在4月前往佛罗伦萨的途中，伽利略在博洛尼亚停留，在那里拜访了国际知名天文学家乔万尼·安东尼奥·马吉尼（1555—1617），他可能有

① 《伽利略著作集》第10卷，第391页。

点嫉妒竞争对手的成功。几天后，马吉尼的一位年轻的同事、来自波希米亚的马丁·霍尔基给在布拉格的神圣罗马帝国皇家数学家约翰内斯·开普勒（1571—1630）写下了以下评论①：

> 帕多瓦的数学家伽利略·伽利雷来到博洛尼亚拜访我们，他带来了那个窥镜，就是他用以看到他那四个虚构的行星的那一架。在4月24日和25日，我整整两个白天和黑夜都没睡觉，因为我在低处（地上）还有高处（天界）以无数种方式测试了伽利略的仪器。它在地上创造了奇迹，在天上它会欺骗我们，因为恒星数目看起来增加了一倍。因此，接下来那天晚上，我用伽利略的窥镜观察到了在大熊座尾巴三颗星中间上方那颗小星星（中文名“辅”——译者注），我看到在它附近有四颗非常小的星星，正如伽利略在木星周围观察到的一样。我的见证人里有最优秀的人们和最尊贵的博士们，如博洛尼亚大学最有学问的数学家安东尼奥·罗菲尼，还有其他许多人，我和他们4月25日晚上一起在一座房子里观察了天空，伽利略本人也在场。但所有人都认为被该仪器欺骗了。此时伽利略变得沉默，在26日星期一他感到沮丧，因此很早就告别了马吉尼先生。并且他对这些恩惠和许多建议都没有表示感谢，因为骄傲自大的他总是在兜售虚构故事。马吉尼先生为伽利略提供了高质量的陪伴，又华丽又令人愉快。就这样，可怜的伽利略在26日带着他的望远镜离开了博洛尼亚。

---

① 《伽利略著作集》第3卷，第343页。

在这封信末尾，霍尔基又加了一句德语（也许是马吉尼不懂德语），他说："任何人都不知道，我已经用蜡画下了望远镜的样子，当我回家时，我祈求上帝帮助造出一架比伽利略那架更好的望远镜。"没有证据表明他曾经做成功过。霍尔基是个极端的例子。他雄心勃勃，不择手段，显然非常嫉妒伽利略的成功。我们后面再回来讲他。但在博洛尼亚普遍的遭遇更为重要。伽利略的观察记录显示，4 月 25 日，他看到了两颗木星卫星，第二天晚上看到了四颗。① 显然，即使他亲自操作他自己的仪器，要说服那些对他的发现持怀疑态度的学者们也并不容易。

他回到帕多瓦几天之后，伽利略收到了约翰内斯·开普勒的一封长信。开普勒自学生时代以来一直是哥白尼学说公开的追随者，前一年他出版了他的《新天文学》，他通过证明行星绕太阳运行的轨道是椭圆形而大大加强了哥白尼理论。当然，伽利略对欧洲这位最负盛名的天文学家的反应非常感兴趣，因此他已将一本《星际信使》送给驻布拉格帝国宫廷的托斯卡纳大使，请求开普勒给予书面回应。大使让开普勒看了这本书，并传达了伽利略的请求。结果，4 月 19 日，开普勒就该主题发出了一封长信，他在 5 月初又把这封信以《论〈星际信使〉》或《与〈星际信使〉的对话》为题出版。②

开普勒谈到了他是如何第一次听到四颗新行星的传言，就正确地推测它们肯定是卫星。在大使送给他这本书之前，他已经读过鲁道夫二世皇帝那本《星际信使》了。在布拉格很容易买到窥镜，而皇帝已经在 1610 年通过这样的一台仪器观察了月亮，询问开普勒

---

① 《伽利略著作集》第 3 卷，第 436 页。

② 同上，第 97—126 页。参见 E.罗森，《开普勒与伽利略〈星际信使〉的对话》（纽约：约翰出版社，1965 年）。

对月面暗斑的看法。[①]但布拉格最好的仪器也无法显示木星的卫星，因此开普勒不得不凭借信念来接受这一发现。他的声明与霍尔基的说法形成鲜明对比：[②]

> 在缺乏亲身经历支持的情况下，我如此欣然地接受你的主张可能看起来有些轻率。但是，我为什么不相信一位学识最渊博的数学家呢，他的风格证明了他判断之稳健？他无意为了赢得庸俗的公众关注而行骗，他也没假装看到他没见过的东西。因为他热爱真理，他毫不犹豫地反对即便是最司空见惯的观点，并平静地忍受人群的嘲笑。

在讨论了望远镜（他在文中指出了球面像差的缺陷以及如何防止）之后[③]，开普勒将注意力转向伽利略的月球观测。对于月球表面就像地球一样是粗糙不平这个命题，他没有争议。那些用裸眼可见的古老暗斑，伽利略证明它们显得更加平滑，而那些明亮的区域分布着山谷，开普勒宣称他确信黑暗区域必定是海洋，明亮区域是陆地，就像1 500年前普鲁塔克认为的那样。[④]但开普勒更进一步认为[⑤]：

> 我不禁想知道那个大圆坑的意义，我通常称之为（月球面部）的左嘴角。它是出自天然，还是出自能工巧匠之手？假设

---

① 罗森，《开普勒的〈对话〉》，第13页。

② 同上，第12—13页。

③ 见英文版导言第13页，注释1。开普勒提出用双曲面镜片来防止这个缺陷。参见罗森，《开普勒的〈对话〉》，第19—20页。

④ 同上，第26—27页。

⑤ 同上，第27—28页。

月球上有生物……（?）显而易见那里居民表露了他们居住地的特征，那里有比我们地球上更大的山脉和山谷。因此，他们拥有非常庞大的身体，他们也建造了巨大的工程。他们的白天很长，相当于我们的15天，他们会感到难以忍受的高温。也许他们缺乏用以建立遮阳掩体的石头。另一方面，也许他们的土壤像黏土一样黏稠。因此，他们通常的建筑计划如下。他们在广阔的平地上深挖坑，将泥土运出来堆积成一个圆圈，也许目的是为了将水分抽出来。通过这种方式，他们可以隐藏在他们挖出的土丘后面的黑影中，并且随着太阳的运动在内部移动，总是待在阴影里。他们实际上建成了一种地下城。他们在那个圆形围堤中凿出许多洞穴作为住所。他们把田地和牧场放在中间，以避免去农场要走得太远，这可以躲开阳光。

这是开普勒典型的浮夸风格，他放飞了想象。他提到自1593年以来他已经心存这样的猜测，事实上，他对这个话题的思想在他去世后才得以发表，即他的科幻小说《梦》，又名《月亮之梦》。①虽然有一些先例可以追溯到古代，但是开普勒的这些说法标志着现代关于其他星球上生命可能性猜测的起点。②

① 转载于C.弗里施（C.Frisch）编辑《约翰内斯·开普勒天文著作全集》，8卷本（法兰克福和埃尔兰根，1858—1871），第8卷。有两种完整的英译本：约翰·李尔（John Lear），《开普勒的梦》（*Kepler's Dream*）（伯克利：加利福尼亚大学出版社，1965年）；和爱德华·罗森，《开普勒的梦》（*Kepler's Somnium*），（麦迪逊：威斯康星大学出版社，1967年）。

② 有关外星生命观念的历史，请参见史蒂芬·J.迪克（Steven J. Dick），《世界的多重性：从德谟克利特到康德的外星生命争论的起源》（*Plurality of Worlds：The Origins of the Extraterrestrial Life Debate from Democritus to Kant*），（剑桥：剑桥大学出版社，1982年）；和迈克尔·克劳（Michael J.Crowe），《地球外生命辩论，1750—1900年》（*The Extrater-restrial Life Debate，1750—1900*），（剑桥：剑桥大学出版社，1986年）。

伽利略认为，望远镜将外来的光线从行星和恒星上剥离，然后放大它们的球体，这样仪器就不会像放大月球一样放大这些天体。开普勒不同意这种解释，他提出这种现象的原因必须在眼睛自身的各种折射中找到。这些论点的价值可能不如一个事实更为重要，即伽利略和开普勒两人开始将眼睛自身视为一种可以用科学的方式讨论其优缺点的工具：对他们而言，眼睛本身已成为一种科学工具。①

当谈到恒星和行星之间的外观差异时，开普勒再次得出了大胆的结论，远远超出了伽利略所谈论的②：

> 我们从这个差异中，除了知道恒星是从内部发光，而不透明的行星是从外面被照亮的，还得出别的什么结论呢，伽利略？也就是说，使用布鲁诺的措辞，前者都是太阳，后者是月球或地球？

这是开普勒第二次援引乔达诺·布鲁诺（约 1548—1600）的名字，他是一位叛教的多明我会修士，他主张存在无限多个有人居住的世界，在 1600 年被绑在柱子上遭受火刑。开普勒多年来一直强烈反对处处相同的宇宙模型，反之，他坚持太阳的特殊地位，以及太阳和恒星之间的区别。③他在这里重复了他的观点。④

---

① 哈罗德·布朗（Harold I. Brown），《伽利略论望远镜和眼睛》，《观念史杂志》1985 年第 46 期，第 487—501 页，其中第 499—501 页。

② 罗森，《开普勒的〈对话〉》，第 34 页。

③ 开普勒，《蛇夫座足部的新星》（*De Stella Nova in Pede Serpentarii*）（1606），《开普勒著作集》，（慕尼黑：C.H.贝克出版社，1937 年），第 1 卷，第 234 页。另见亚历山大·科伊尔（Alexandre Koyre），《从封闭世界到无限宇宙》（*From the Closed World to the Infinite Universe*）（巴尔的摩：约翰·霍普金斯大学出版社，1957 年；纽约：哈珀与罗尔出版社，1958 年），第 58—76 页；也参见阿尔伯特·范海登，《测量宇宙：从阿里斯塔克到哈雷的宇宙大小》（*Measuring the Universe: Cosmic Dimensions from Aristarchus to Halley*）（芝加哥：芝加哥大学出版社，1985 年），第 63 页。

④ 罗森，《开普勒的〈对话〉》，第 34—36 页。

在结束恒星的这个主题之前，开普勒表达了他对伽利略关于银河系观察和结论的认可①：

> 你通过揭示银河、星云和云状旋涡的真实特征，为天文学家和物理学家带来了上帝的赐福。你支持了那些很久以前和你得出同样结论的作家们：它们不是别的，只是一群星星，因为我们的眼睛分辨率不高而显得光亮混杂成一团。

开普勒对木星卫星的发现表示了最大的赞誉。当他最初听到有关存在四颗新行星的传言时（在阅读《星际信使》之前），他担心伽利略可能是在恒星周围找到了行星。那将支持乔达诺·布鲁诺的学说，因而开普勒非常担心。②读完这本书之后，他不仅放下了心，而且还非常高兴。这里有没有人想到过其存在的四颗行星。这一发现促使开普勒反思科学的进步，反对那些不允许在太阳下出现任何新事物的自以为是的哲学家：③

> 我也认为值得顺带说一下的是，去扯一扯高贵的哲学的耳朵。让我们思考这样一个问题：人类的全能和公正的守护者是否允许任何无用的东西，以及他像经验丰富的管家一样，为什么在这个特定的时间打开他房屋的内室……或者造物主上帝……引领人类，就像一些正在成长逐渐接近成熟的年轻人，一步一步地从一个知识阶段走到另一个阶段？（例如，有一个

① 罗森，《开普勒的〈对话〉》，第36页。我对译文做了略微改动。
② 同上，第36—39页。
③ 同上，第40页。

时期，行星和恒星之间的区别是未知的；在毕达哥拉斯或巴门尼德之前相当长一段时间人们就知道了昏星和晨星是同一个天体［即金星］；摩西、约伯或《诗篇》中都没有提及行星。）我再说一遍，让高贵的哲学在某种程度上向后看并反思。自然界的知识进展到了多远，还剩下多少未知，以及未来的人们会期待什么呢？

虽然开普勒在这里强调科学的进步（在那时是一种相当新颖的思想），在我们看来他可能会拒绝世界的目的性，但这不是他论述的目标。相反，他认为木星的这些卫星必然有一个目的，这目的不外乎让木星的居民感到高兴，让他们可以“注意到这种奇妙多变的展示”。[①]在比较木卫到木星的距离与月球到地球的距离之后，他概括了这些卫星的目的[②]：

结论很清楚。我们的月球是为了地球上的我们而存在，并不是为了其他星球。这四颗小卫星是为了木星而存在，并不是为了我们。反过来说，每颗行星以及上面的居民，由其自己的卫星来侍奉。从这个原因，我们推断出最大的可能性是木星上有人居住。

进一步可知，正如地球自转和月球绕地公转是围绕同一轴线一样，木星自转和其卫星绕它公转必然也是围绕同一轴线。[③]但是这种推理使开普勒危险地接近拒绝人类中心主义。然而，他迅速地撤

① 罗森，《开普勒的〈对话〉》，第40页。

②③ 同上，第42页。

退了，并且用了好几页的篇幅论证为什么在有其他居民的宇宙里人类还应该是最高贵的生物。[①]在观测木星卫星的亮度变化之后开普勒提出自己的猜测，在结束这段话时请求伽利略继续他的重要观测。

开普勒的《对话》与《星际信使》是完全不同的作品。虽然伽利略报告了观察结果，也从中得出一些谨慎的结论，但开普勒如他所习惯的那样，让想象自由奔放，并开放性地推测伽利略发现的意义。即使开普勒的一些说法或许对伽利略面临的争论没有多大帮助，即使他无法验证这些发现，不过他对这些发现毫无保留地接受，以神圣罗马帝国皇家数学家的声望支持伽利略的观察，也起到了效果。1610年末，《对话》在佛罗伦萨重印。

与此同时，伽利略在家中忙于捍卫自己的发现。他在帕多瓦举行了三场公开演讲，据他所说，他成功地说服大多数最尖锐的反对者相信了他这些发现的真实性。[②]他还收到许多信件，其中对他的发现提出了异议，而答复这些问题是一件令人沮丧的事[③]：

> 说实在的，他们不信任的理由非常轻浮且幼稚，因为他们自说自话地认为我太过轻率地用我的仪器对十万颗恒星还有那些我不知道或无法识别的其他天体进行十万次测试，他们认为虽然他们从未见过该仪器，也已经能指出其中的骗局；或者，他们认为我是如此愚蠢，以至于我毫无必要地损害自己的声誉，还嘲笑我的大公殿下。窥镜是非常真实的，美第奇行星是

① 罗森，《开普勒的〈对话〉》，第43—46页。
② 《伽利略著作集》第10卷，第349页。
③ 同上，第357页。

行星，并且像其他行星一样，将永远如此。

不过，伽利略不必孤军奋战。在他复活节访问托斯卡纳之后，科西莫二世大公相信了这些发现的真实性。他决定在托斯卡纳宫廷给伽利略一个职位①，如此一来美第奇行星就变成了国家事务。托斯卡纳驻布拉格、伦敦、巴黎和马德里各处宫廷的使节们被告知，伽利略将给他们送去他的著作，可能还有望远镜，使节们被指示要善用官方身份推荐伽利略的发现。伽利略花在制作必要的望远镜上的费用由托斯卡纳财政部承担。②这确实是有力的支持。

6月，在意大利摩德纳出现了一本小册子，作者是马丁·霍尔基，他曾在伽利略访问博洛尼亚时露过面。小册子名为《对伽利略·伽利雷最近送给所有哲学家和数学家的〈星际信使〉的非常简短的反对之旅》，献给博洛尼亚大学的教师们。霍尔基只关注到了与木星卫星有关的内容，他争辩说因为它们根本不存在，所以当伽利略在博洛尼亚试图演示它们时没有看到。但是霍尔基的论点似是而非，这个小册子差不多全是对伽利略的人身攻击。例如，在提到最近公布的一些骗局之后，他对伽利略提出了如下严厉指责③：

> 如果托马斯·纳任罕德勒知道如何化圆为方，如果克拉普斯知道如何制造魔法石，如果凯克那塞勒宣布解决了倍立方问题，那么，《星际信使》也可以展示木星周围的新行星，并为之辩护。

---

① 《伽利略著作集》第10卷，第350—353、355—356页。

② 同上，第356页。

③ 同上，第3卷，第139页。自古以来，化圆为方（即找到圆周与直径之间的关系）、倍立方（即构造体积为给定立方体两倍的立方体）便是困扰数学家的难题。自基督教时代开始以来，寻找“魔法石”就是一些炼金术士的追求。Narrenhandler，Klappus和Keknasel是虚构的名字。

这种粗俗的攻击令原本持怀疑态度的马吉尼感到愤怒，当霍尔基从摩德纳返回后，马吉尼直接将其轰出了家门。①开普勒同样断绝了与霍尔基的一切联系。②伽利略的学生约翰·沃德伯恩公开批评了霍尔基③，而哲学家安东尼奥·罗菲尼（1580—1643）也批评了霍尔基，挽救了博洛尼亚大学的声誉④。但是霍尔基卑鄙的攻击不应该让我们看不到《星际信使》向知识界提出的光学和哲学上的两个重大问题。

对土星新现象的观测和讨论

5月底，当木星消失在太阳光芒里的时候⑤，只有伽利略完成了对木星卫星一系列合理的连续观测。似乎也只有伽利略亲自向他们展示过这些卫星的那些人才看到过它们。来自伽利略阵营之外的独立证认仍未进行。伽利略推迟了所有再版《星际信使》的想法，他想等到木星再次出现之后，从而可以纳入更长的观测记录范围。他还希望在书中刊登更好的月球插图，并回答人们提出的所有质疑和困惑。⑥但是，这个想法根本没有实现：伽利略从未准备好过第

---

① 《伽利略著作集》第10卷，第375—376页。

② 同上，第414—417、419页。

③ 《论马丁·霍尔基反对〈星际信使〉里有争议的四颗新行星的四个主要问题》（*Quatuor problematum quae Martinus Horky contra Nuntium Sidereum de quatuor planetis novis disputanda proposuit*）（帕多瓦，1610）。更多参见《伽利略著作集》第3卷，第147—148页。

④ 《马提尼为霍尔基攻击〈星际信使〉所做的道歉声明》（*Epistola apologetica contra caecam peregrinationem cuiusdam furiosi Martini*，*cognomine Horkij editam adversus nuntium sidereum*），（博洛尼亚，1610）。参见《伽利略著作集》第3卷，第191—200页。

⑤ 伽利略在1610年5月21日记录了木星合日之前的最后一次观测。参见《伽利略著作集》第3卷，第437页。

⑥ 伽利略在1610年5月21日记录了木星合日之前的最后一次观测。参见《伽利略著作集》第10卷，第373页。

二版《星际信使》。不过，在1610年年底，在法兰克福出版了未经许可又带有劣质插图的重印版。

7月底，木星在早晨的天空中再次变得可见。[1]那个月，伽利略又有了一个发现。土星由于比木星距离更远，其成像要小得多，此时正处于有利于观测的位置，伽利略发现这颗行星并不像木星那样只是简单的圆形。他写信给大公的秘书说[2]：

> 土星有的不仅是一颗星，而是排列在一起几乎彼此接触的三颗星，并且彼此相对位置永不移动或变化；它们位于沿着黄道带的一条直线上，中间的一颗大约是两侧另外两颗的三倍；它们的位置形如oOo。

这个发现是一个天文谜题的开始。土星似乎有两个同伴，但它们与木星那些同伴有很大不同。在土星这里，它们很大，几乎碰到了土星本身，并且从没有相对移动。伽利略从1月后又进一步改进过的最好望远镜的性能仍然不够好，无法显示土星光环，这时的光环看上去非常狭窄。土星形态所导致的这个问题要还要等近半个世纪才能解决。[3]

在当时，伽利略希望暂时把这个新发现保密，以便他可以在计

---

① 伽利略在7月25日对木卫进行了首次观测。《伽利略著作集》第10卷，第437页。

② 同上，第410页。

③ 阿尔伯特·范海登，《土星和它的光环》(Saturn and His Anses)，《天文学史杂志》1954年第5期，第105—121页；《围绕的光环：土星问题的解决》(“Annulo Cingitur”：The Solution of the Problem of Saturn)。同上，1974年第5期，第155—174页。

划中的新版《星际信使》中宣布。[1]与此同时，他把这个发现隐藏在一个变位字谜 smaismrmilmepoetaleumibunenugttauiras 之中。他可以用这种方式宣布自己有了新发现，又不必透露其确切性质，从而消除了有人作假声称在伽利略之前发现了它的可能性。在有科学论文之前的时代，这对于维护优先权是相当有效的工具，伽利略后来又使用了这个方法。他的继任者们也偶尔会求助于它。

伽利略把这个字谜发送给他的通信者们，包括罗马学院的耶稣会神父们和在布拉格的开普勒。[2]开普勒的反应最有趣。他自然地以为伽利略的发现与其他某颗行星有关。由于地球只有一颗卫星，木星现在已被证明有四颗卫星，开普勒推测火星必定有两颗卫星。[3]这种推测被其他人接受了，最著名的是 18 世纪的乔纳森·斯威夫特[4]，并最终在 1877 年被证明是正确的，那年阿萨夫·霍尔用比伽利略望远镜功能强大了数百倍的望远镜发现了火星的两颗微小的卫星：火卫一和火卫二。[5]

---

① 《伽利略著作集》第 10 卷，第 410 页。

② 同上，第 19 卷，第 611 页。

③ 同上，第 3 卷，第 185 页。

④ 在《格列佛游记》第三卷《飞岛国游记》中，格列佛为飞岛国天文学家们用的望远镜感到惊奇："他们曾编制过一份有一万颗恒星的星表，而我们最大恒星表中所列的恒星还不到此数的三分之一。他们还发现了两颗小星星，或者叫卫星，在围绕火星转动；靠近主行星的一颗离行星中心的距离，恰好是主星直径的三倍，外面那颗距离是五倍；前者每十小时绕行星运行一周，后者则二十一小时半运行一周；这样，它们运转周期的平方，就差不多与它们距火星中心距离的立方成比例；这显然表明它们也受着影响其他天体的万有引力的支配。"参见《乔纳森·斯威夫特的散文作品集》(The Prose Works of Jonathan Swift)，赫伯特·戴维斯编，14 卷本（牛津：巴西尔·布莱克维尔出版社，1939—1968），第 11 卷，《格列佛游记》，第 154—155 页。

⑤ 欧文·金格里奇，《火星卫星：预测和发现》，《天文学史杂志》1970 年第 1 期，第 109—115 页。

到9月，伽利略来到佛罗伦萨，担任他的新职务，即比萨大学的首席数学家（无实际职责）和大公的数学家和哲学家。[1]由于这次搬迁，他在十一月最终定居之前只能在凌晨的天空下对木星卫星进行十二次观测。[2]正是在这期间，对木星卫星的独立验证终于出现了。9月下旬，他听到有消息说，他的朋友安东尼奥·桑蒂尼在威尼斯已经连续多个早晨看到了所有四颗卫星[3]；大约在同一时间，他听说布拉格的约翰内斯·开普勒也成功地观察到它们了。[4]开普勒此时得以使用当年早些时候伽利略送给科隆选帝侯的望远镜，他在8月30日至9月9日观察了那些卫星。[5]他给伽利略寄去了一个小册子，名为《约翰内斯·开普勒对他观测的木星四颗行星伙伴的描述》。[6]

伽利略不知道的是，英格兰的托马斯·哈里奥特从（1609年）10月27日开始[7]，还有约瑟夫·高提耶·德拉·瓦莱特（1564—1647）和尼古拉斯·克劳德·法布里·德·培瑞斯（1580—1638）从11月24日在法国南部的普罗旺斯地区开始，已经在观测木卫

---

① 《伽利略著作集》第10卷，第400、429页。

② 同上，第3卷，第439页。

③ 同上，第10卷，第435、437页。

④ 同上，第3卷，第436、439—440页。

⑤ 同上，第184—187页。

⑥ 同上，第181—190页。这本小册子的出版日期有些困惑。扉页上标识是1611年，但开普勒在1610年10月25日就送了伽利略一本。（《伽利略著作集》第10卷，第457页）。参见马克斯·卡斯帕（Max Caspar），《开普勒参考书目》（*Bibliographia Kepleriana*），（慕尼黑：C. H.贝克出版社，1936年，1968年再版），第52—53页。到1611年，这本小册子在佛罗伦萨再版。

⑦ 《哈里奥特文件》（*Harriot Papers*），佩特沃斯MSS HMC 241/4，f.3。注意哈里奥特用的日期是儒略历。另请参见约翰·洛希（John Roche），《哈里奥特、伽利略和木星卫星》（*Harriot*，*Galileo*，*and Jupiter's Satellites*），《国际科学史档案》1982年第32期，第9—51页。

了。①更晚的时候，1614年，德国天文学家西蒙·马里乌斯声称他在1609年12月发现了木星卫星，并在1610年1月8日已开始记录他的观察。②（马里乌斯这个有争议的主张到现在已经被争论了近四个世纪③，但由于与我们的故事无关，我们将不再提它。）

对金星的观测直接挑起宇宙观念之争

到1610年秋天，木星4颗卫星的存在已经得到验证，并且通过这种验证也大体上证明了望远镜的功能：当望远镜指向天空时，它并没有欺骗我们的视觉。这是一种不容忽视的工具，它将永远改变天文学。就好像是为了证实这一点，伽利略宣布了一项重大新发现，直接涉及了当时日益发展的关于哥白尼日心说的争议。

根据《天体运行论》第一卷第十章哥白尼对行星顺序的讨论可以得出，金星在近地点看起来比远地点大得多，并且如果它以借来的光而闪亮，应该就像月亮那样表现得有完整的盈亏变化。④当时

① 皮埃尔·洪伯特（Pierre Humbert），《约瑟夫·高提耶·德拉瓦莱特，普罗旺斯天文台（1564—1647）》，《科学与历史学应用》1948年第1期，第316页。

② 西蒙·马吕斯的《木星世界》（纽伦堡，1614年）。见《西蒙·马吕斯的〈木星世界〉》，A.O.皮卡德译，《天文台杂志》1916年第39期，第371—372页。注意马吕斯用的日期是儒略历。

③ 参见，例如，约瑟夫·克鲁格（Joseph Klug），《来自贡岑豪森的西蒙·马吕斯和伽利略·伽利略》，皇家科学院第二类论文集，第22卷，第385—526页；J.A.C.欧德曼斯和J.博沙，《伽利略和马吕斯》（Galilee et Marius），荷兰精确科学与自然档案馆，荷兰科学学会出版社，1903年，第2辑，第8卷，第115—189页。J.博沙，《西蒙·马修斯：还原一位被诽谤的天文学家》（Simon Marius，*rehabilitation d'un astronome calomnie*），同上，1907年12卷，第258—307、490—527页。

④ 哥白尼《天体运行论》，A.M.邓肯译（牛顿阿伯特：大卫和查理出版社；纽约：巴尼斯和诺博出版社，1976年），第47—48页。有关金星位相的早期推测，请参见罗杰·阿里厄，《1610年之前的金星位相》，《科学史与科学哲学研究》1987年第18期，第81—92页。

金星正处于大距位置，是夜空最明亮的天体。但是，这种巨大的亮度给伽利略及其在 17 世纪的后来者们带来了麻烦。用未消除色差的望远镜观察时，该行星呈现为被彩带围绕的混乱图像，因此很难确定其真实形状。

当伽利略用望远镜进行第一批发现时，木星在傍晚的空中，而金星凌晨出现。毫无疑问，金星极大的亮度和他早期望远镜的不完美让他没有成功。但是在合日之后，1610 年 10 月的夜空又可以看见金星了，现在伽利略用改进过的仪器对这颗行星发起了坚定的攻击。12 月 5 日，伽利略曾经的学生贝尼迪托・卡斯特利，当时住在布雷西亚，他在那里无法接触到性能优良的望远镜，他写信给伽利略说①：

> 由于（我相信）哥白尼关于金星围绕太阳公转的观点是正确的，那么很显然，尽管我们所说的这颗行星与太阳的距离相等，但有时我们必然会见到她有时呈现尖角，有时却看不到，在那些时日，即小小的尖角和散发的光线不妨碍观察的这种差异。现在，我想从您这里知道，您是否已经用您那出色的窥镜注意到了这样的外观，毫无疑问，这将是说服所有顽固头脑的可靠手段。

就在卡斯特利写这封信时，伽利略差不多快要准备宣布他的发现了。到 12 月初，金星的圆盘已减小，形如小小的半个月亮，伽利略现在有理由确信它将进一步减小，该行星会呈现新月形即带有尖

① 《伽利略著作集》第 10 卷，第 481—482 页。

角的外观。[①]因此，他在12月2日致信驻布拉格的托斯卡纳大使朱利亚诺·德·美第奇，说他观察到的一种现象，是支持哥白尼理论的有力证据。[②]他将发现隐藏在一个变位字谜 Haec immatura a me iam frustra leguntur o y 之中。[③]到了月底，伽利略确实看到金星盘面缩小成了不到半月，还有了尖角时，他可以自信地宣布他的新发现了。字谜的答案是 Cynthiae figuras aemulatur mater amorum，即"爱神的母亲（金星）模仿了辛西娅（月亮）的身影"。[④]换句话说，金星像月球一样经历了位相变化。伽利略向卡斯特利描述了他所看到的样子[⑤]：

> 因此，请知道，大约三个月前，我开始用该仪器观察金星，我看到她是圆形的，很小。她的尺寸每天都在增加，并一直保持圆形，直到最后，金星到了与太阳的距离非常远的位置，她东边部分的圆度开始减小，然后，几天后她缩小成为半圆。她将这种形状保持了很多天，不过同时尺寸一直都在变大。目前她正在变成镰刀状，只要在晚上能被观察到，她小小的尖角就会继续变得更细，直到它完全消失。但是当她在早晨

① 理查德·S.韦斯特福（Richard S. Westfall）指控伽利略实际上直到卡斯特利在12月给他写信，让他注意金星时还没有开始观测。参见《科学与赞助：伽利略和望远镜》，《伊西斯》1985年第76期，第11—30页。有关给韦斯特福的答复，请参见斯蒂尔曼·德雷克，《伽利略，开普勒和金星的相位》，《天文学史杂志》1984年第15期，第198—208页。欧文·金格里奇，《金星在1610年的位相》，同上，第209—210页；威廉·彼得斯（William T.Peters），《金星和火星在1610年的外观》，同上，第211—214页。

② 《伽利略著作集》第10卷，第483页。

③ 这句话可以翻译成"这些未成熟的东西让我白费心思。"

④ 《伽利略著作集》第11卷，第12页。

⑤ 同上，第10卷，第503页。

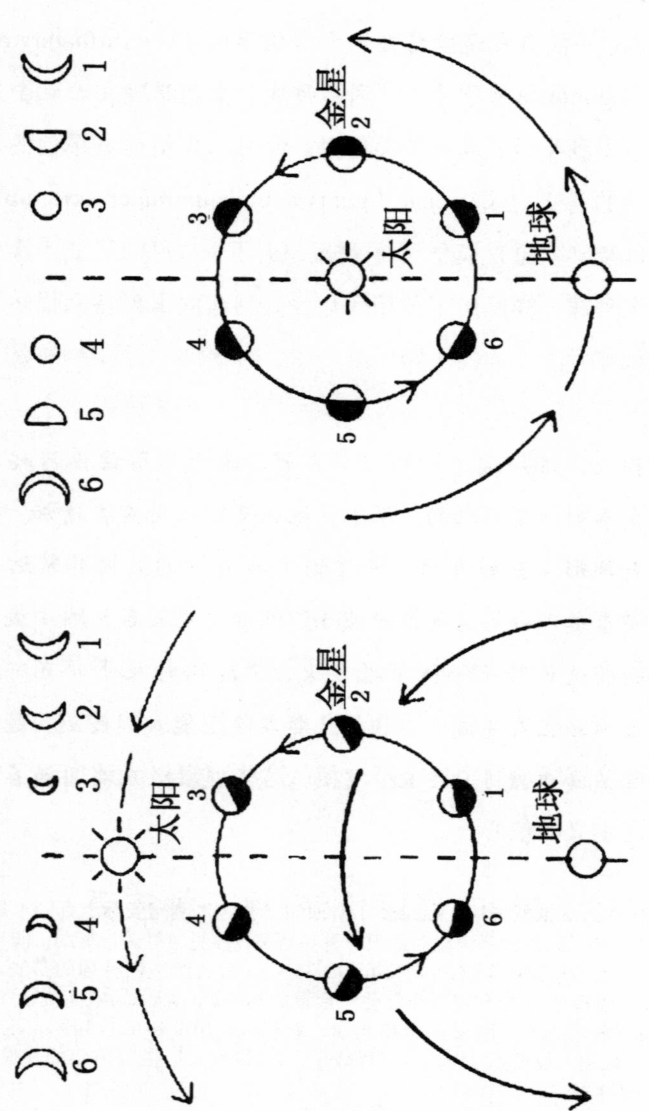

分别由托勒密体系和哥白尼体系预言的金星外观

再次出现时，她的角看起来非常细小，随着她再次远离太阳，会在距离太远最远的位置增长至半圆形，然后，她会保持半圆形几天，不过其尺寸会变小，随即在几天后，她会变成一个完整的圆面。其后的好几个月里，她会一直出现，无论是早上还是晚上，都是完全圆形的，但尺寸很小。

现在，金星位相的观测进展证明了几件事。首先，金星发出的光是来自太阳光，就像我们的月亮一样。其次，金星（也暗示还有水星）在绕太阳运行。在托勒密体系中，行星的顺序是一种约定：在大多数版本中，金星都位于太阳之“下”；在某些版本中，它在太阳之“上”。但是，无论托勒密体系中各行星是什么顺序，金星要么总是在太阳与地球之间，要么总是在太阳以外，并且哪一种选择都不能解释观测到的位相变化（见上图）。因此，伽利略的观察证明托勒密方案出错了。只有一种混合的托勒密体系，即金星和水星围绕太阳转，但所有其他行星围绕地球转，还有第谷体系，也就是月球和太阳围绕地球转，但所有其他天体围绕太阳转，或哥白尼体系，才可以解释观测到的金星位相。这些观察极大地加强了伽利略对哥白尼主义的信心。

望远镜和《星际信使》终于被接受

到了1610年年底，望远镜已被确认为不可忽视的一种仪器。木星的四颗卫星现在已经由多位独立的观测者验证过，开普勒甚至还出版了关于他对卫星观测的一本小册子，即《叙述篇》。罗马学院的首席数学家克拉维乌斯神父曾给伽利略写信说，他看到了用裸眼看不见的无数恒星，令他自己感到满意的是围绕木星的那些天体确实是那颗行星的卫星，并且他还注意到了土星不是圆形而是椭圆形。①来自正统天文学中心的这些结论，对于伽利略来说确实是可喜的消息②，现在很明显，他正在赢得接受新仪器的战斗。几个月后，他在罗马取得了最后的胜利。伽利略曾想去那个城市住一段时间③，但由于他身体欠佳没能成行，一直到 1611 年 3 月才到了罗马。伽利略对这座永恒之城的访问是一次胜利庆典，其中有两件事特别突出。

当然，教会官员不会没注意到这种新仪器以及种种新发现的新闻。那些重视宗教正统问题的人们一直在关注这些发现的含义，因为亚里士多德哲学和基督教神学密切相连。就在伽利略到罗马之前，1611 年 3 月 19 日，耶稣会士、枢机主教罗伯特·贝拉明（1542—1621），也是罗马学院的校长，给他的耶稣会数学家同事们写了下面这封信④：

> 我知道阁下你们已经听说了，一位杰出的数学家用一种称为管或镜的仪器有了新的天文观测，甚至我也已经用同一仪器看到了有关月球和金星的一些非常神奇之事。因此，我希望各位对以下事项给出你们真实的观点，不吝赐教：
>
> 首先，你们是否确定有许多用裸眼看不见的恒星，尤其是银河系和星云是许多非常小的恒星的一类集合体。

---

① 《伽利略著作集》第 10 卷，第 484—485 页。

② 其中人名，洛多维科·卡迪·达西哥利（Lodovico Cardi da Cigoli）末尾处，参见《伽利略著作集》第 10 卷，第 442 页。

③ 同上，第 442 页。

④ 同上，第 11 卷，第 87—88 页。也参见詹姆斯·布罗德里克（James Broderick），《罗伯特·贝拉明，是圣人也是学者》（Robert Bellarmine: Saint and Scholar），（马里兰州威斯敏斯特：纽曼出版社，1961 年），第 343 页。

第二，土星不是单一的一颗星星，而是连接在一起的三颗星星。

第三，金星会改变形状，像月亮一样存在盈亏。

第四，月球表面粗糙不平。

第五，大约有四颗可移动的星星绕着木星运行，它们彼此之间的运动有差异，而且速度非常快。

我想知道这一点是因为我听到了不同的意见，而各位尊敬的神父在数学科学方面训练有素，能很容易地告诉我这些新发现是有很好的基础，或者它们只是表象而不是真实的。

四位数学家，即克拉维乌斯、格伦贝格尔、伦博和梅尔科特神父在五天后作出了如下回应[①]：

关于第一点，的确使用小望远镜观看，在巨蟹座和昴星团的星云中出现了许多奇妙的恒星，但是对于银河系，并不确定它全都是由微小的恒星组成的，而且看起来更有可能有连续的更致密部分，尽管不可否认的是，在银河系中也有许多微小的恒星。可是从巨蟹座和昴星团那些星云中看到的恒星可以推测出来，在银河系中很可能也有大量恒星尚未能分辨出来，因为它们太小了。

对于第二点，我们已经观察到土星不是像木星和火星看上去那样的圆形，而是卵形的，就像这样○◯○，尽管我们还没有看到两边的两颗小星与中间那颗星分开足够的距离，因而还不

① 《伽利略著作集》第11卷，第92—93页。

能说它们是不一样的星星。

对于第三点，金星像月亮一样存在盈亏是非常真实的。而且，当她是昏星时，会看到她几乎是圆的，我们观察到它被照亮的部分总是朝向太阳，这部分一点儿一点儿地逐渐变小，变得越来越尖。在合日之后，会看到她成为晨星，我们看到这时她也是有尖角的，被照明部分依然朝向太阳。现在，在阳光下被照的部分会不断增加，而表观直径不断减小。

关于第四点，月球上的巨大不均匀性是无法否认的。但是在克拉维乌斯神父看来，表面似乎不是不平坦的，更可能是月球本体的密度不均匀，有些部分更致密，有些部分更稀疏，就像自然光下看到的那些普通斑点一样。其他人则认为表面确实是不平坦的，但到目前为止，我们对此还没有完全确定，因而无法毫无疑问地确认这一点。

对于第五点，木星周围有四颗星星在运行，它们移动得非常迅速，有时都向东移动，有时都向西移动，有时一些向东一些向西，它们都几乎在一条直线。这些不可能是恒星，因为它们具有非常快的运动，与恒星的运动截然不同，而且它们彼此之间以及与木星之间的距离一直在改变。

正如克拉维乌斯对月球的看法所表明的，这些数学家们不一定同意伽利略对观测结果的解释。不过，他们在处理的议题，是贝拉明所提出的那个问题，这些发现是真实的还是表象，或者换句话说，望远镜是否表现了事物真实的样子，还是欺骗了我们感官？数学家们的回应是一致的：发现是真实的，望远镜并没有欺骗我们。因此，天主教会自己的专业数学家们，拥有无可挑剔的正统信仰的人们，如今已经证明了望远镜是一种真正的科学工具。数学家们甚至不止于此，他们还在罗马学院向伽利略致敬，在此场合，梅尔科特发表演讲，表示他同意伽利略的发现。①

在罗马逗留期间，伽利略用自己的望远镜向众多有影响力的要人展示了他的发现。人们为他举行了多次盛大的招待会。其中一场盛宴是由蒙蒂塞洛侯爵费德里科・塞西（1585—1630）主办的，蒙蒂塞洛侯爵是一所科学学院的创办者，即猞猁学院（也叫“猞猁之眼学院”）。在1611年，它有五名成员。4月14日向伽利略致敬的这次宴会上，这位佛罗伦萨人被吸收为该学院的第六位成员。②也正是在这个宴会上，伽利略的仪器才获得了“望远镜”（Telescopium）之名。这个词可能是希腊诗人兼神学家约翰・德斯米亚尼（卒于1619年）的发明。③

伽利略对罗马的访问标志着关于这种新仪器和它所揭示现象的真实性争论的结束。尽管有些人坚持拒绝接受新仪器，但他们很快就变得孤立了。望远镜作为一种科学仪器的有效性已经被充分证明了。此后的争论围绕对它所揭示现象的解释展开。在罗马期间，伽利略曾向几位观测家展示了太阳上的黑子，在1612年他又陷入了与德国耶稣会士克里斯托夫・沙伊纳（1573—1650）关于黑子本质的争论。沙伊纳力图保存太阳完美性的神圣观念，认为这些黑子不是在太阳上，而是由成群的卫星造成的！ 卫星这类天体在1610年引起了那么多的争议，到1612年已经变得司空见惯了。

伽利略的麻烦并没有在1611年结束。现在，望远镜已成为一

---

① 《伽利略著作集》第3卷，第291—298页。

② 爱德华・罗森，《望远镜的命名》（纽约：亨利・斯库曼出版社，1947年）。罗森弄错了该学院成员的人数。

③ 同上，各处都可见。

种公认的工具，它揭示的那些现象不能再被忽略，这些现象的含义也不容忽视了。地心宇宙观和日心宇宙观之间的斗争进程被望远镜不可逆转地改变了。这种仪器迫使科学家重新考虑他们最基本的哲学和宇宙观念假设。甚至那些顽固地坚持古老地心宇宙观的人们也深受影响。虽然日心说阵营最终获胜，但战斗十分激烈，伽利略成为最著名的受难者。

图书在版编目(CIP)数据

星际信使/(意)伽利略(Galileo Galilei)著;
(美)范海登编;孙正凡译.—上海:上海人民出版社,
2020
(逻各斯丛书)
书名原文:Sidereus Nuncius or The Sidereal
Messenger
ISBN 978-7-208-16613-4

Ⅰ.①星… Ⅱ.①伽… ②范… ③孙… Ⅲ.①天文望
远镜 Ⅳ.①TH751

中国版本图书馆 CIP 数据核字(2020)第 136025 号

责任编辑 刘华鱼
封面设计 人马艺术设计·储平

逻各斯丛书
星际信使
[意]伽利略 著
[美]范海登 编 孙正凡 译

出　　版 上海人民出版社
(201101 上海市闵行区号景路 159 弄 C 座)
发　　行 上海人民出版社发行中心
印　　刷 江阴市机关印刷服务有限公司
开　　本 635×965 1/16
印　　张 9.75
插　　页 6
字　　数 120,000
版　　次 2020 年 8 月第 1 版
印　　次 2023 年 5 月第 3 次印刷
ISBN 978-7-208-16613-4/V·2
定　　价 68.00 元